图解文人园林建筑

园解
园林

U0231271

潘冬梅 朱惠英 滕慧颖 编著

化学工业出版社
·北京·

内容简介

《图解文人园林建筑》在介绍中国古典园林基础知识之上分亭、廊、轩、榭、楼、阁、馆、堂、舫九个部分来介绍文人园林建筑。本书收纳了每种文人园林建筑中典型的建筑实例，注重典型性、代表性，以直观的图片为主，在用通俗的文字介绍的同时，对每一个建筑从名称、景观和人文等几个方面进行解读。本书图文并茂，可供园林及相关专业师生阅读和参考，也可作为园林爱好者、旅游爱好者的科普读物。

图书在版编目(CIP)数据

图解文人园林建筑 / 潘冬梅，朱惠英，滕慧颖编著.
一北京：化学工业出版社，2021.2
ISBN 978-7-122-38186-6

Ⅰ.①图 ⋯ Ⅱ.①潘 ⋯ ②朱 ⋯ ③滕 ⋯ Ⅲ. ①古典园林-建筑艺术-中国-图解 Ⅳ.①TU-092.2

中国版本图书馆CIP数据核字（2020）第245603号

责任编辑：袁海燕
文字编辑：刘　璐　陈小滔
责任校对：李　爽
装帧设计：溢思视觉设计／张博轩

出版发行：化学工业出版社
（北京市东城区青年湖南街13号　邮政编码100011）
印　　装：中煤（北京）印务有限公司
710mm×1000mm　1/16　印张14¹/₂　字数186千字
2021年5月北京第1版第1次印刷

购书咨询：010-64518888
售后服务：010-64518899
网　　址：http://www.cip.com.cn
凡购买本书，如有缺损质量问题，本社销售中心负责调换。

定　　价：88.00元

前　言

中国古典园林历史悠久，园林文化博大精深。在园林文化的历史长河中，中国古典园林不仅是东方园林的代表，还远播欧洲，影响到英国等国家园林的发展。而在众多类型的园林中，文人园林占据着很重要的地位，成为闪耀在中国古典园林中的璀璨珠链。在文人园林中，建筑的类型丰富、数量众多。居住处含蓄隐蔽，读书处宁静雅洁，待客处方便得体，游乐处突出山林之趣。

《图解文人园林建筑》编写的目的是传播园林和园林建筑文化，以期为园林建筑相关人士、喜爱园林文化的人士提供参考。同时，希望为广大旅游爱好者提供旅游前和旅游中的相关知识，丰富旅游的收获。

为提高每一处园林建筑赏读的直观性和可辨识性，本书采用了多角度图片结合文字介绍的形式。作者亲赴现场进行拍摄和调查，基于大量的园林调查实践和前人的文献资料，将文人园林中的典型建筑单体进行归类，并从建筑的名称由来、景观价值、文化渊源这几个方面进行解读。诚然，对单体建筑的赏读，无论是图片还是文字，都无法表现中国园林中步移景异的动态美，本书旨在引导读者更多地去探究中国文人园林的博大精深，这正是作者希望看到的。

因时间仓促、水平有限，书中不足和疏漏之处在所难免，敬请专家学者和读者批评指正。

编著者

2021年1月

目录

绪论

中国古典园林蕴含着儒、释、道等哲学思想，同时其造园过程往往有文人、画家的参与，从而受诗、画艺术的影响很深，特别是文人的隐逸思想和高超的审美能力渗透到造园活动中，使园林具有更深刻的内涵，这一特征把古典园林推向了更高的艺术境界，从而使园林附着上一层文人的色彩，时时处处表现出诗情画意，这便出现了一类特殊类型的园林——文人园林。文人园林不仅指文人经营的或者文人所有的园林，也泛指那些受到文人思想的影响，融入山水诗画的艺术表达，而具有"文人化"特征的园林。其特点是寓情于景、内涵深刻，充满诗情画意，景由文盛、文由景显、文景齐名。

0.1 文人园林的形成与发展

中国文人园林起源于魏晋，发展于唐宋，兴盛于明清。

0.1.1 魏晋南北朝时期的文人园林

真正具有自然山水审美的中国文人园林出现在魏晋南北朝时期。

魏晋南北朝时期，长期的战乱使北方的经济和文化遭受重创，大批为躲避战争的人向南迁徙。南方虽然也经历了六朝更迭，但较之中原地区相对安定。大量人口的涌入，不仅为江南带来了劳动力和先进的生产技术，而且促进了当地文化的发展。从这一时期开始，江南地区逐渐繁荣，因而也给大型府宅的营建提供了条件。这一历史背景使中国文人园林广泛分布于江南一带。同时，江南地区气候温和、水源丰富，给造园活动提供了更为丰富的素材和更广阔的发挥空间。

在思想领域，因战争频发、王朝更迭，人们无法获得心理上的安全感，社会上逐渐流行起及时行乐的思潮。士大夫文人纵情诗酒、放浪山水之间逐渐成为社会风尚。东晋大书法家王羲之的《兰亭集序》就记载了一次流传千古的文人集会，使"曲水流觞"这一文人雅士的诗酒盛会在一幅空前的书法作品中熠熠生辉，而"曲水流觞"更是以一种固定的形式出现在后世的园林中，成为文人活动影响园林的典型例证。同时，文坛上出现了大量的山水诗文。东晋陶渊明的《桃花源记》所描绘的世外桃源的意境，代表了文人出世隐居、寄情山水的时代特征和宁静淡泊、与世无争的安居理念，成为文人园林思想的典型代表，一直影响着后世的文人造园。文人们在住宅庭院内布置园林，与山水诗、画、文相互浸润、彼此影响，使园林成为"无声的诗""立体的画"，最终形成独树一帜的中国文人园林。人们以山水诗的形式予以赞美，用山水画的形式进行刻画，实际上是在再现理想中的自然，所以文人园林一经产生，就与皇家园林的宏大气魄有很大区别。

0.1.2 隋、唐、宋时期的文人园林

隋朝统一全国，修筑京杭大运河沟通南北经济；唐朝，文化繁荣，涌现了一大批著名的诗人、文学家、画家，文人步入政坛的也越来越多；宋代，文官执政，文人社会地位较高。这使得隋、唐、宋时期的园林较之魏晋南北朝更为兴盛，艺术水平也大为提高。园林作为文人社会交往的场所，受到文人的影响也较上代更为广泛、深刻，文人造园渐成风气。一般文人直接参与造园规划，凭借他们对大自然风景的理解和对自然美的鉴赏能力来进行园林的规划，同时也把他们对人生哲理的体验、对世态炎凉的感怀融注于造园艺术中。唐朝比较有代表性的园林有白居易的庐山草堂、杜甫的杜甫草堂、王维的辋川别业、柳宗元的愚溪草堂等，无一不代表园主人的风格，渗透着园主人的思想。宋朝的山水画技艺达到了顶峰，绘画与文学达到了更高意义上的融合，艺术鉴赏标准日趋成熟，这对文人园林的发展产生了重要的影响。文人广泛参与园林规划设计，更重视园林意境的创造。宋代不少文人画家参与造园。沈括筑有梦溪园，并在《梦溪笔谈》中描述了该园的布局。苏舜钦修筑的园林即如今的苏州沧浪亭，在园名中即表达了诸多文人在园林中共同传达的渔隐之意，成为这一类型园林的代表；宋徽宗虽是一位"失败"的帝王，但其在书画和园林方面的造诣却独树一帜，宋徽宗亲自参与营建了皇家园林艮岳，其在掇山理水方面有独特的见解。宋代文人园林逐渐形成了简远、疏朗、雅致、天然的风格特点。

同时，人们渐渐发现，园林已经成为自己表达思想、寄托理想之物，用山水自然之情来排遣自己在社会上所遭受的不公，这其实已超越了园林本身的物质特性，而成为展示精神意义的载体，这是文人园林兴盛的根本原因。在苏舜钦的《沧浪亭记》中描述"予时榜小舟，

幅巾以往，至则洒然忘其归。觞而浩歌，踞而仰啸，野老不至，鱼鸟共乐。形骸既适则神不烦，观听无邪则道以明；返思向之汩汩荣辱之场，日与锱铢利害相磨戛，隔此真趣，不亦鄙哉！"可见，很多文人是将园林当作隐逸之所，用以排遣胸中的郁愤，因而在形式上追求更多的山林野趣。这一时期，园林的全面文人化促进了文人园林的大发展。同时，这一时期儒商合一，很多商人附庸风雅，邀请文人参与其私家园林的规划营造，从而影响了园林的整体风格，使更多的园林拥有了文人园林的气质。

0.1.3　明清时期的文人园林

明中叶以后，绘画、诗文和书法三者高度融合，文人、画家直接参与造园更为普遍，园林的意境更为深远，园林艺术比以往更密切地融合诗文、绘画趣味，从而赋予园林更浓郁的诗情画意。

明朝，王献臣建拙政园，相传其好友文徵明亲自参与设计，后又为王献臣作《拙政园三十一景图》，清初就享有"诗书画三绝"的美誉。文徵明在画史上与沈周、唐寅、仇英合称"明四家"；在文学上，与祝允明、唐寅、徐祯卿并称"吴中四才子"，《拙政园三十一景图》是文徵明园林美学思想的集中体现，亦是文徵明和王献臣隐居山林、享山水之乐的人生志趣的记录。在他眼里，园林不再只是供人居住的空间，更是文人以另外的方式实现自我价值的地方。文氏后裔也均雅好治园，其曾孙文震亨就留下了园林名作《长物志》。

江南的繁华，带动了文化的昌盛，造园之风日盛。据清同治《苏州府志》统计，直至当时，清代苏州的府宅园林就不下130处，而仅以花木峰石稍加点缀的小型庭院，更是遍布街巷，数不胜数，故有"城中半园亭"之誉，雄称天下。

清初，康熙帝南巡，深慕江南园林之美，归来后即聘江南文士叶洮、江南造园家张然参与畅春园的规划设计，首次把江南园林民间造园技艺引进皇家园林，同时也把文人园林的诗情画意融入造园艺术，在园林的皇家气派中平添了几分雅意清新的韵致。当时出现了一些具有里程碑性质的、优秀的大型园林作品，如现存的承德避暑山庄，就是典型的例子。

这一时期，作为文人园林集大成著作除前述文震亨的《长物志》外，还有明朝计成的《园冶》、李渔的《一家言》，清末民初姚承祖的《营造法原》，它们是园林专著中的代表作，也是文人园林自两宋发展到清末时期的理论总结。

0.2 文人园林的主要建筑形式

中国文人园林的建筑类型主要有亭、廊、厅、堂、轩、榭、楼、阁、馆、斋、室、舫等，每种建筑类型又有多样的形式，造型不拘法式，别具一格。这些建筑非常自然地融于环境中，成为山水诗画的一部分，因此体量适中，同时由于观景的需要，通透性和开敞性更强，这是与普通建筑的区别所在。

0.2.1 厅、堂、轩、馆

厅、堂往往位于园林的中心位置，成为人们活动的主要场所，也往往是园林的构图中心。厅、堂常面水，因此在厅、堂和水体之间设有观景平台。厅、堂的屋顶大多为歇山或硬山，四周常有附属建筑而构成一个建筑群。轩、馆也属于厅堂类，大多离住宅较近，结合山石花木的点缀，形成舒适雅致的生活空间，作为生活起居会客之地。

0.2.2 楼、阁

楼、阁是以高度取胜的一类园林建筑，其高耸的形体可以丰富园林的天际线，并成为观赏四周景色的绝佳之所。楼、阁的平面多为方形，立面多为双层、重檐。底层多做长窗，以便观景。上层多四面缩进，在底层形成回廊。楼上层较底层的层高略低，一般不超过3米。

0.2.3 榭、舫

榭和舫大多是临水建筑，作为观水景之处，同时起到点缀水景的作用。榭一般前半部分坐落于水上，以柱体支撑，形成漂浮于水面的轻快之感。榭大多前后开敞，左右山墙开窗，多为支摘窗；舫为船型建筑。文人园林中的舫大多体量较小，平面为长方形，门开在短边一侧，使内空间有与船类似的纵深感，临水一侧的门前常有平台。

0.2.4　亭

《释名》："……亭，停也，亦人所停集也。"园林中的亭，样式丰富，数量也最多。亭既作为停下来休息和观景之所，又可自成一景。亭的位置常位于山地、水边、路旁、林中，造型美观。亭的平面以方形、六边形、八边形居多，也有三角形、圆形、扇形、海棠形。亭顶多为攒尖顶、歇山顶。亭柱间多无门窗，下部设矮墙，上有鹅颈椅；上部悬挂落。

0.2.5　廊

《园冶》："廊者，庑出一步也，宜曲宜长……或蟠山腰，或穷水际，通花渡壑，蜿蜒无尽……"廊因为其长形建筑的特征，而常常成为联系建筑的纽带，或成为导游线路，同时也起到划分空间的作用。文人园林中的廊常连接各建筑布置，使往来于各建筑之间的活动不受天气条件的限制。廊的类型一般有沿墙走廊、爬山廊、楼廊、水廊、复廊等。沿墙走廊，即一面为墙，既有院墙的作用，又可以通过墙上开窗实现两侧的视线通透，使其内侧的小院相对独立又不失空灵。如小院四面都为走廊则形成回廊。爬山廊建于地势起伏处，随山就势而建，可以丰富园林景观，形成灵动的布局。楼廊又称边楼，常在楼的上下两层设走廊，或以廊与高处的假山或其他建筑相连。水廊跨于水面之上，能丰富水景层次，形成幽静神秘的气氛。复廊是中间为墙、两侧为廊的形式，即两廊共用一面墙，墙上开景窗，两侧的景物可以互相渗透，以沧浪亭的复廊为代表。

0.3　文人园林的主要特点

0.3.1　文人园林与山水诗画密不可分

正如童寯在《园论》中所言："中国造园首先从属于绘画艺术。"造园的手法从单纯写实到写实和写意相结合，园林与山水画、山水诗文关系密切，又包含着儒释道文化和诗情画意，容易与文人产生情感上的共鸣，从而获得社会的赞赏。比如陶渊明的《归园田居》"种豆南山下，草盛豆苗稀。晨兴理荒秽，带月荷锄归。"和王维的《山居秋暝》"空山新雨后，天气晚来秋。明月松间照，清泉石上流。"都充满了清丽幽远的诗情画意，是文人园林的写照。同时，园林还常出现在诗词文赋中，仅建筑名在作品名中出现的就不胜枚举，如唐朝李白的《独坐敬亭山》《南松轩》，白居易的《冷泉亭记》，韦庄的《题七步廊》，戴叔伦的《苏溪亭》，宋朝范仲淹的《岳阳楼记》，欧阳修的《醉翁亭记》《丰乐亭记》，苏轼的《喜雨亭记》《放鹤亭记》，苏辙的《黄州快哉亭记》，明朝汤显祖的《牡丹亭》，张岱的《湖心亭看雪》，等等。至于建筑名出现于文中的更是数不胜数。

此外，文人园林中处处可见的楹联、匾额、景题等，作为诗文在园林中最直接的表现，渲染出园林浓厚的文人气息。

0.3.2　文人园林以大自然为蓝本，师法自然

文人园林最重要的造园原则是"源于自然，师法自然"。无论是陶渊明笔下"芳草鲜美、落英缤纷"的世外桃源，还是王维笔下"明月松间照、清泉石上流"的静雅山居，都彰显出大自然的无限意趣与生机。文人园林就是要营造这种能够使人忘记尘俗烦恼的自然景观，使人能陶冶身心，获得不同于身处市井俗事的愉悦感受。

0.3.3　文人园林常善于塑造咫尺山林

文人园林的规模一般都比较小，但贵在小而精，在咫尺之地表现出大千世界的美景。常运用"小中见大""欲扬先抑""步移景异"等造园手法以及巧妙的视线组织和空间处理塑造咫尺山林，从而达到了景少意多、景简意浓的艺术效果。

0.3.4　文人园林常寄托人的思想感情

孔子曰："知者乐水，仁者乐山。"古人常常以自然山川作为人的道德品性的象征，从而也就使它带有了约定俗成的美。文人园林将自然景观再现于园林中，因其越来越注重表现形外之意、像外之像，使人可以借景抒情、托物言志。在文人园林中，无论是掇山理水还是栽植花木，都经过推敲锤炼，注入文心诗意，融揉了园主人的文心与修养。

0.3.5　文人园林建筑是最具人文特征的园林符号

园林建筑的命名大多来源于诗词，在建筑的环境和意境塑造上必围绕诗词的意境进行，楹联、题额则起到直接烘托意境的作用。园主人在园林建筑创作中寄托了自己的审美意趣和精神追求。例如：苏州怡园"四时潇洒亭"、苏州耦园"听橹楼"、上海豫园"观涛楼"、吴江退思园"眠云亭"表达放浪山水之间、自由恬淡、与世无争的人生理念；拙政园"与谁同坐轩"表达了文人独有的惆怅寂寥的审美情怀和孤高清远的气质；苏州拙政园"小沧浪"、网师园"濯缨水阁"借"沧浪之水清兮，可以濯吾缨；沧浪之水浊兮，可以濯吾足"的语意，有渔隐之意；苏州沧浪亭"观鱼处"、无锡寄畅园"知鱼槛"、上海豫园"鱼乐榭"则取自庄子与惠子的"濠梁之辩"，表达了对自由与快乐的向往；以南京煦园"不系舟"为代表的"舫"是庄子"无能者无所求，饱食而遨游，泛若不系之舟"的不问政治、隐逸江湖的象征。

壹

亭

亭是非常有特色的园林建筑之一，俗称"亭子"。比较早的经典诠释是："……亭，停也，亦人所停集也。"（《释名》）。唐代诗人司空图（837—908）有"休休亭"，它的取名就是借用这个意义。《园冶》中说，亭"造式无定，自三角、四角、五角、梅花、六角、横圭、八角至十字，随意合宜则制，惟地图可略式也"。亭多有顶无墙，外观通透，俗称"凉亭"，但文人园林中也有"暖亭"，即亭柱之间装隔扇，四周围合。许多形式的亭，以因地制宜为原则，只要平面确定，其形式便基本确定了。亭在园林中有两种作用：一是提供游人休息、赏景之所，二是自成一景供作观赏。亭因为造型美观、选材多样、布设灵活而被广泛应用在园林之中，成为园林中数量最多的一类建筑。

先秦及秦汉之际，亭一方面是实用的军事防卫建筑，另一方面则是指代政府官职及官员办公、居住的建筑物——民居式的组群建筑，其中部分兼有驿站的职能，供行人进行短暂歇脚停留。魏晋南北朝时期，随着园林的发展，亭逐渐进入园林建筑艺术之中，从而成为园林建筑中最具特色的艺术形象之一。唐宋至今，带有实用性质的亭主要是在园林之中。

作为单体建筑样式之一，不管在豪华壮丽的皇家园林、小巧精雅的私家园林，还是风景优美的旅游胜地，形式多样的亭子总是其中不可或缺的景观元素，其较小的体量、灵活的样式使其布置方便、成景自由。

亭的作用主要包括三个方面，一可作为主要景观，二可作为赏景点，三可作为游人休息之处。很多有名的亭子都是将这三个方面的作用结合到极致，成为园林中必不可少的重要景点。

园中设亭，关键在位置。亭是园中"点睛"之物，所以多设在视线交接处。文人园林中少不了水，因此很多亭子都设置于水边，如苏州网师园"月到风来亭"是水体局部的构图中心；又如拙政园水池中的"荷风四面亭"，四周水面空阔，该亭自然成了视线的焦点。有山体的地方也少不了亭，一则便于俯瞰园景甚至是园外之景，二则位置显要，可形成局部或全园的构图中心，如沧浪亭中的"沧浪亭"、拙政园中的"绣绮亭"、狮子林中的"飞瀑亭"，都建于假山之上。

1.1　苏州拙政园绣绮亭（春亭）

拙政园中部花园区有"春、夏、秋、冬"四座亭。绣绮亭即其中的"春亭"（图1-1）位于拙政园中枇杷园北假山上（图1-2），面向远香堂而立。

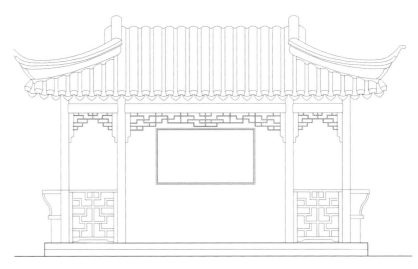

|图1-1　绣绮亭立面图（作者自绘）

【设计解读】

　　名称解读：其名取自杜甫"绣绮相辗转，琳琅愈青荧"的诗。山下种植牡丹和芍药，春日花开之时，雍容绚烂，绣绮亭成为绝佳赏春景之处，正合杜甫诗中的烂漫锦绣之诗意。

　　景观解读：绣绮亭为卷棚歇山顶亭，平面呈长方形，长5米，宽3.32米。其造型秀丽，四角起翘轻盈，比例恰到好处，充分表现了江南古典园林建筑之美。小亭坐东朝西，东西各四根亭柱共八根，东面中间两柱之间为墙，墙上开方形空窗，其余三面开敞（图1-3）。游客可在亭内不同位置观东面景物，空窗将不同的风景收纳进来，形成一幅幅美丽的框景。绣绮亭右侧有一株百年枫杨，衬托得绣绮亭更加古朴典雅。南可近望枇杷园，西可远眺远香堂，北可俯瞰大荷花池，东面是海棠春坞等几组建筑。

人文解读：亭西两柱现联为"生平直且勤，处世和而厚"的劝世联文。亭内有匾额"晓丹晚翠"（图1-4），配联"露香红玉树，风绽紫蟠桃"，为应景之对。

|图 1-2 绣绮亭环境

|图 1-4 绣绮亭匾额

图 1-3 绣绮亭造型

1.2 苏州拙政园荷风四面亭（夏亭）

荷风四面亭（图1-5）坐落在拙政园中部池中小岛，四面皆水，是夏季赏荷的好去处，因此也称夏亭。

| 图1-5 荷风四面亭立面图（作者自绘）

【设计解读】

名称解读：亭名因荷而得。

景观解读：荷风四面亭为单檐六角攒尖顶，四面通透，亭柱间有坐槛，并设吴王靠（鹅颈椅）。此亭体量较小，造型秀丽，六角起翘轻盈，具有典型的江南古典园林建筑特色（图1-6），坐落于水岸旁，夏季于此处赏荷，四面通透的设计使凉风吹入，给人凉爽之感。

荷风四面亭建于水池中央，亭北侧隔水与见山楼互为对景，东北侧与雪香云蔚亭互为对景，亭的西南两侧各架曲桥一座，一亭两桥构成线性布局，使中部水面有了明显的分隔，把水池分为三个彼此通透的水域，而荷风四面亭成了全园的交通枢纽，既可为游人提供驻足之处以观赏周围景致，自身又成了一道美丽的风景（图1-7）。

人文解读：亭中有抱柱联"四壁荷花三面柳，半潭秋水一房山"（图1-8），上联仿济南大明湖清代书法家铁保所书楹联"四面荷花三面柳，一城山色半城湖"；下联来自唐代诗人李洞的诗《山居喜友人见访》"看待诗人无别物，半潭秋水一房山"句。两句凑成一联，毫无拼凑痕迹，且联中含半、一、三、四的数字，浑然一体、恰到好处。

图1-6　荷风四面亭实景

图1-7　自成一景的荷风四面亭

图1-8　荷风四面亭匾额及楹联

1.3 苏州拙政园待霜亭（秋亭）

待霜亭，位于拙政园中部池中东岛高处（图1-9），又名秋亭。

【设计解读】

名称解读： "待霜"就是等待下霜的意思。文徵明《拙政园三十一景图》中云："待霜亭在坤隅，傍植柑橘数十本，韦应物诗云：'洞庭须待满林霜'，右军《黄柑帖》亦云：'霜未降，未可多得'。"可见亭取唐朝诗人韦应物诗意名之，意为待到霜重时节，橘子始红，才是观赏园内深秋美景的最佳时机。

景观解读： 待霜亭与荷风四面亭均位于岛上，两座亭子造型也相似（图1-10），均为攒尖六角顶亭。亭周围种植橘树和乌桕等秋色树种，秋季叶红果熟之时，颇有意境。待霜亭所处位置甚佳，东、西、南、北四面隔水分别与绣绮亭和雪香云蔚亭、梧竹幽居亭、绿漪亭互为对景。

人文解读： 待霜亭原名"北山亭"，当年文徵明碑记《王氏拙政园记》中对这一景点有所记载，因该碑记中有"待霜"二字，便于1981年将其更名为"待霜亭"。匾额上的"待霜"二字（图1-11）为影印文徵明的真迹。亭中原挂有清末翁同龢撰写的楹联"葛巾羽扇红尘静，紫李黄瓜村路香"，为集苏轼诗联。上联出

图1-9 待霜亭位置

自苏轼诗句"葛巾羽扇红尘静,投壶雅歌清燕开",下联出自苏轼诗句"紫李黄瓜村路香,乌纱白葛道衣凉",组成楹联后,田园气息浓郁。现柱上对联为"墙外青山横黛色,门前流水带花香",此联描绘的则是一幅触手可及的青山绿水图画。

图 1-10　待霜亭造型

图 1-11　待霜亭匾额

19

1.4 苏州拙政园雪香云蔚亭（冬亭）

雪香云蔚亭（图1-12）位于拙政园水池西边山岛的最高处，是拙政园的冬亭。

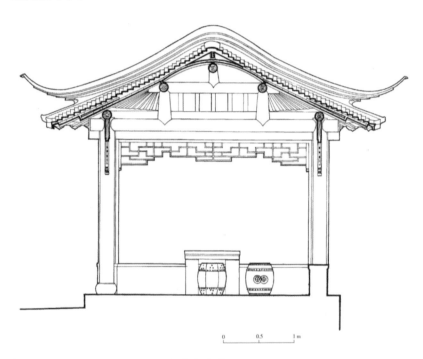

0　　　0.5　　　1 m

|图1-12　雪香云蔚亭侧立面图（作者自绘）

【设计解读】

名称解读：雪香是古代诗人形容洁白有香之花的常用语，此处的"雪香"，指冬春开花的白梅，突出冬亭主题；《水经注》有"交柯云蔚"句，"云蔚"指山间树木茂密。此亭居于高处，似乎与云相映，亭旁植梅，花开时冷香四溢，素雅宜人，确有"雪香云蔚"的意境。

绪论

亭

廊

轩

榭

楼

阁

馆

堂

舫

景观解读：雪香云蔚亭平面为长方形，卷棚歇山顶，亭子四角为四根石柱，造型较春、夏、秋亭持重。苏州园林中的主厅往往都有亭与之相对，此处雪香云蔚亭与拙政园主厅远香堂隔水互为对景。它既是赏景驻足之处，又自成一景，同时又与拙政园中部的其他景点组成一个协调的整体。亭四周土山之上树木繁茂，既有冬景的代表松、竹、梅，又有夏季浓荫如盖的枫、柳等，若是夏季游赏此亭，自然能升起凉爽之意。

　　人文解读：亭前悬额"山花野鸟之间"，为明代著名书法家倪元璐草书，其旁楹联"蝉噪林愈静，鸟鸣山更幽"，款署"徵明"，联语取自南北朝王籍《入若耶溪》的名句，描绘出雪香云蔚亭幽静、深邃的自然景色。亭内悬匾额"雪香云蔚"（图1-13）为当代书法家钱君匋所书。匾额和楹联，是冬亭的点睛之笔，用来描绘雪香云蔚亭的景色，恰到好处。结合此亭四周美景，形成了一幅幽静空明、深邃安恬、人与自然和谐共生的美好画卷（图1-14）。

图1-13　雪香云蔚亭匾额

图1-14　幽静的雪香云蔚亭

1.5 苏州拙政园梧竹幽居亭

梧竹幽居亭为拙政园中部池东的观赏主景，是一座方亭（图1-15）。

| 图1-15 梧竹幽居亭3D模型（作者自绘）

【设计解读】

名称解读：梧竹幽居亭因园北植有慈孝竹、梧桐而得名。一说该亭取名"梧竹幽居"，是吴语"吾足安居"的谐音，意思是此园如此静谧安适足以使人安然自足地居住。其实梧、竹都是至清、至幽之物，古人认为"凤凰非梧桐不栖，非竹实不食"，所以梧、竹并植，意在吸引吉祥之鸟凤凰。"家有梧桐树，何愁凤不至"，梧桐被看作韵雅圣洁之树。竹则向来是文人最爱的植物，苏轼有"宁可食无肉，不可居无竹"，晋有竹林七贤，唐有竹溪六逸，因此仅从亭名看，"梧竹幽居"就具有典型的文人园林的气质。

景观解读：梧竹幽居亭建筑风格独特，构思巧妙。其内为四面白墙围合，每面墙上均开一个圆形洞门，在不同的角度可看到洞环洞、洞套洞，重叠交错的奇特景观，是园林中虚实结合的典型实例。白墙外，亭的四角每角有三根柱子，使柱与墙之间又形成廊，红柱白墙，飞檐翘角，素洁雅致。亭的体量较大，每边长5.36米。亭的绝妙之处在于一亭可观四季景，透过圆洞门，东面可看到长廊和漏窗，象征着冬景；西面是荷花和绿树，代表着夏景；南面是白皮松和小桥流水，代表着秋景；北面是青翠的竹子，代表着春景；背面还配以梧桐，扣题"梧竹"。随着脚步的移动，景色并不固定，成为步移而景异的典型代表，这四幅美丽的框景将四周风景、四时风景尽收画中，尤以夏秋的梧竹最有意境（图1-16），为点题佳景。梧竹幽居亭的西面还借景苏州市中心的北寺塔，是苏州园林中经典的一例借景。同时，梧竹幽居还与水池西端的别有洞天亭互为对景。

人文解读："梧竹幽居"匾额为文徵明题。对联"爽借清风明借月，动观流水静观山"为清末名书法家赵之谦撰书，上联连用两个"借"字，下联连用两个"观"字，写出了人与自然和谐相处的亲密之情，同时表现了不同气质和性格的人对自然美的感受和喜悦也是不同的，人需要在大自然中领悟动静之美，顺应自然，做一个"观者"即可，无论是清风明月，还是动水静山，都是美的。

图1-16 梧竹幽居亭实景

1.6 苏州拙政园与谁同坐轩

与谁同坐轩，位于拙政园西园水中小岛的东南角转弯处，前临碧波，背靠小山（图1-17）。

图 1-17　与谁同坐轩
实景

【设计解读】

名称解读：该名取意宋苏轼《点绛唇·闲倚胡床》词："闲倚胡床，庾公楼外峰千朵，与谁同坐？明月清风我。别乘一来，有唱应须和。还知么，自从添个，风月平分破。"原词反映了苏轼孤芳自赏、只与明月清风为伍的孤高气质。用"与谁同坐"这句反问为亭名，引导游人联想到词的下句，领悟诗人拒绝与世俗同流合污，在大自然之间自得其乐的高洁品质，从而产生意境美。

景观解读：该亭小巧精雅，别具一格，亭最宽处4.6米，进深2.3米，依水而筑，平面为扇形。其屋面、轩门、窗洞、石桌、石凳、墙上匾额、鹅颈椅、半栏均成扇面状，扇形的圆弧也和池岸相协调，故又称作"扇亭"。其两侧实墙上所开的两个扇形空窗一个对着倒影楼，另一个对着卅六鸳鸯馆，都形成了美丽的框景。而后面面山的那一窗扇形景窗将亭后小山上的笠亭框景入画（图1-18）。而当我们的视线后退到一个合适的位置时，与谁同坐轩的顶盖和笠亭的顶盖又恰好配成一把完整的扇子（见后文第1.12节笠亭）。亭前池中有石幢一座，对岸有波形廊、倒影楼等，加之树木繁茂，构成一幅意境深邃的画面，东南又与别有洞天互为对景。

人文解读：题额"与谁同坐轩"，款署为"凤生姚孟起"，为清朝书法家姚孟起的隶书。亭内扇形窗洞两旁悬挂着诗句联"江山如有待，花柳自无私"，出自唐杜甫《后游》诗："寺忆新游处，桥怜再渡时。江山如有待，花柳更无私。野润烟光薄，沙暄日色迟。客愁全为减，舍此复何之？"款署为"蝯叟书于吴门"，"蝯叟"即晚清诗人何绍基。以此为联语，意在引导人们热爱大自然、欣赏自然美，从大自然中获得美的享受和陶冶。此扇形建筑的建造与园主的家世有关，清末，苏州吴县富商张履谦购入拙政园现在的西园，据说张家制扇起家，张家后代都对扇有着特殊的感情，因此修建了这一"扇亭"以表达对祖先的纪念。

图 1-18　与谁同坐轩扇形窗里的笠亭框景

1.7 苏州拙政园宜两亭

宜两亭位于拙政园别有洞天左侧假山顶，中、西园分界的云墙边。

【设计解读】

名称解读："宜两"出自唐代白居易《欲与元八卜邻先有是赠》诗句"明月好同三径夜，绿杨宜作两家春"，表示欲与元氏卜邻之意。此处以"宜两"为亭名，用来比喻邻里间的和睦相处。当年，拙政园的中园和西园分属两家所有，西园主人不建高楼，而堆山筑亭。西家可以在亭中观赏到邻居的中园景色，而邻居中园主人亦可仰望亭阁高耸的景致（图1-19），一亭宜两家，名副其实，也宣扬了中华传统理念中邻里和睦的美德。

图1-19 中园赏宜两亭

景观解读：宜两亭为六边形攒尖顶，边长2.06米，亭基为0.6米有余的砖砌须弥座，这种升高基座的作法再一次加大了亭的高度（图1-20），使亭中视野开阔，可使游人轻松观看中西两园美景。此亭为暖亭形式，六面置窗，窗格全部采用经典的梅花冰纹图案（图1-21），典雅而统一。从中花园观景，层层递进的景色展开后，宜两亭突出于廊脊之上，使整个中花园的景色形成绵延不尽的深远意境，这是造园技巧上"邻借"的典型范例。

人文解读：在中国的传统思想中，邻里关系是很受重视的，和睦融洽的邻里关系往往被传为佳话，宜两亭就是基于这样的理念而建，对后人也有深远的教化意义。

图1-20 假山上的宜两亭

图1-21 宜两亭梅花图案的窗格

1.8 苏州拙政园塔影亭

塔影亭位于拙政园西部最南端的水面较狭处。亭建于池中，有小桥与池岸连接。

【设计解读】

名称解读：塔影亭取唐朝许棠《题慈恩寺元遂上人院》"径接河源润，庭容塔影凉"诗意命名。拙政园中以倒影来命名的景点有两处，分别是倒影楼和塔影亭，这种虚实相生的手法是园林中常用的造景技巧。

景观解读：塔影亭为正八边形攒尖顶亭（图1-22），造型轻巧精美，每边长1.7米，亭顶、基座均为八边形。亭下部为白色坐槛，上部为半窗，窗格亦为正八边形的图案，玲珑精致，木构均漆红色。亭前水面未布置任何植物，以留出足够的水面反映亭的倒影。塔影亭底座下以立柱支撑，周围以湖石装饰，形成亭子悬于水上的灵动效果。

|图 1-22 塔影亭立面图（引自《苏州古典园林营造录》）

亭旁水中用块石铺砌了石磴，下可直抵水面，连成一条宛若天成的小径（图1-23），小径低于塔影亭底座，利用高度的对比更突出了亭子的悬空效果，使空间富有层次变化。雨季水面上涨时水位略漫过块石，走在这里便会有沧浪濯足之感，亦满足人们亲水需要。塔影亭周围树木多高大挺直，视线在纵向上延伸，有天空高远之感。绿树蓝天随亭一起倒映水中，虚实相生，如梦似幻，美不胜收，同时渲染了园林的意境。置身亭中，可以欣赏亭外的园林美景；身处亭外，亭和亭影则变成园林美景的一部分。

人文解读：亭的正面有"塔影亭"正楷匾额，款属"蝯叟"，即清朝书法家何绍基。楹联"阶前花影乱，桥下水声长"为同济大学教授陈从周所题。

图1-23 塔影亭旁小径

1.9 苏州拙政园得真亭

得真亭（图1-24）为拙政园小沧浪水院西北角的景亭，亭南面和西面均连接游廊，东北是小飞虹廊桥。

|图 1-24 得真亭实景

【设计解读】

名称解读："得真"（图1-25）之名蕴含深刻的哲理，文徵明《拙政园三十一景图》记"得真亭在园之艮隅，植四桧结亭，取左太冲《招隐》诗'竹柏得其真'之语为名"，左太冲即晋左思。亭周围植松柏翠竹为其特色，与亭名相和。

景观解读：得真亭平面构图为矩形，大亭卷棚歇山顶之前凸出一个方形小屋顶，这是为了接续游廊的需要，同时也使亭的轮廓富于变化。亭内正中悬有一面大镜，四周景色悉入镜中，颇有"镜里云山若画屏"的境界，自然之真趣于镜中得之，以点"得真"主题。

人文解读：得真亭镜旁有隶书对联"松柏有本性，金石见盟心"（图1-26），取意魏晋刘桢的《赠从弟》（其二）诗"岂不罹凝寒，松柏有本性"，松柏之性与金石之盟均颂扬坚贞不屈的品格，作者为清朝康有为。另外，"落花人独立，微雨燕双飞"，为同济大学教授陈从周题得真亭。文徵明《拙政园三十一景图》咏得真亭诗："手植苍官结小茨，得真聊咏左冲诗。支离虽枉明堂用，常得青青保四时。"

图1-25　得真亭匾额

图1-26　得真亭对联

31

1.10 苏州拙政园放眼亭

放眼亭位于拙政园东部假山的最高点，是拙政园海拔最高的亭子（图1-27）。

【设计解读】

名称解读：放眼亭据白居易《洛阳有愚叟》句"放眼看青山"的诗意而命名。放眼亭独特的位置决定了在这里能达到登高使人意远的境界，正与亭名意境相吻合。

景观解读：放眼亭为矩形卷棚顶亭，柱间有坐槛，并无吴王靠。在亭中四望，南面有亭为涵青亭，两亭互为对景。涵青亭被称为苏州园林中最寂寞的亭子，人迹罕至。放眼亭所在假山四周环以河道，形成一个不规则的山岛。立于山巅的放眼亭既有很强的点景作用又可作为登高望远的观景点。

人文解读：放眼亭曾名"补拙亭"。放眼亭匾额位于亭内，款署"徵明"（图1-28）。当年园主王心一有《放眼亭观杏花》诗"浓枝高下绕亭台，初染胭脂渐次开。遮映落霞迷涧壑，漫和疏雨点莓苔。低藏双燕人前舞，蜜引群蜂花底回。安得庐山千树子，疗饥换有谷如堆"，道出了当时美景。

图 1-27 放眼亭实景 | 图 1-28 放眼亭匾额

1.11 苏州拙政园嘉实亭

嘉实亭为拙政园枇杷园内南界墙前的一座小亭。

【设计解读】

　　名称解读： 文徵明在《拙政园三十一景图》中，说"嘉实亭在瑶圃中，取山谷古风'江梅有嘉实'之句"，山谷即宋朝黄庭坚，其《古诗二首上苏子瞻》有"江梅有佳实，托根桃李场"。亭周枇杷树，相传为太平天国忠王李秀成所栽。每到五六月间，满树黄色的枇杷，使嘉实亭掩映其中（图1-29），这亭似为这果实而生，意为硕果累累的亭子。

　　景观解读： 嘉实亭为矩形攒尖顶，南面两柱之间为白墙，白墙上有矩形空窗。其余三面通透，柱间设鹅颈椅方便休息。在亭与南面界墙之间栽植翠竹，配以湖石，形成一幅竹石小景，亭南空窗恰好框住这幅青竹美石图，以南墙为背景，是古代园林理论中"藉以粉墙为绘也"的典型应用。

　　人文解读： 亭南墙空窗上部题额"嘉实亭"为隶书，款署"徵明"，为今人仿文徵明字体而刻。空窗两侧挂有一联"春秋多佳日，山水有清音"（图1-30），为清代官吏潘奕隽题，是一副集句联。上联取自东晋陶渊明诗"春秋多佳日，登高赋新诗"，下联取自魏晋时期左思诗"非必丝与竹，山水有清音"。嘉实亭对联之二"床上书连屋，阶前树拂云"，取自唐朝杜甫《陪郑广文游何将军山林》诗句。上联"书连屋"形容书籍之多，下联"树拂云"写环境的静幽，由此形容远离俗世，以读书为乐的生活方式。

| 图1-29　枇杷掩映下的嘉实亭 | 图1-30　嘉实亭匾额和对联 |

1.12　苏州拙政园笠亭

笠亭位于拙政园西部土山南，在与谁同坐轩的后面。

【设计解读】

名称解读：笠亭名称由其独特的造型而来，意为如笠帽之亭。

景观解读：笠亭平面为圆形，亭顶似斗笠，由五根亭柱支撑（图1-31）。当置身与谁同坐轩中时，透过与谁同坐轩的扇形空窗，可看到笠亭（图1-32），空窗与笠亭组成了框景（见第1.6节　图1-18）。但如果有人站在水体的对面，从某一个特定的角度看，笠亭的顶和与谁同坐轩的扇面顶恰好构成了一把完整的扇子，笠亭顶为扇柄，与谁同坐轩顶为扇面（图1-33）。二者的相互因借是园林造景的典范。

人文解读：笠亭取自渔翁头戴的笠帽造型，暗含渔隐之意。清朝查元偁有《咏笠亭》云："花间萝磴一痕青，烟棱云罅危亭。笠檐蓑袂证前盟，恰对渔汀。红隐霞边山寺，绿皱画里江城。槐衙柳桁绕珑玲，坐听啼莺。"出世入世皆自得，随遇而安，这便是文人应有的心态。

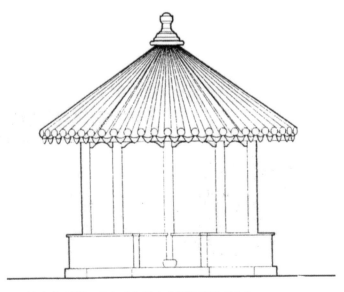

|图 1-31　笠亭立面图（引自《苏州古典园林营造录》）

| 图 1-32　笠亭实景 | 图 1-33　笠亭和与谁同坐轩的顶构成扇子形状 |

1.13　苏州留园佳晴喜雨快雪之亭

　　佳晴喜雨快雪之亭位于留园冠云台西，坐东朝西，与冠云台隔廊相望。

【设计解读】

　　名称解读：亭名为雅集妙合之作。佳晴取宋朝范成大《与周子充侍郎同宿石湖》中"佳晴有新课，晒种催艺秋"诗句；喜雨即及时雨，取《穀梁传》中"喜雨者，有志乎民者也"句意；快雪取自晋书法家王羲之《快雪时晴》帖。亭名寓意风调雨顺、作物丰收，又指园中四时景物，不论阴晴雨雪均可游赏。

　　景观解读：佳晴喜雨快雪之亭为卷棚单檐歇山顶方亭（图1-34），建筑面积34.48平方米。亭中后步柱间有楠木纱槅六扇，磨砂玻璃镶嵌，雕刻有猿、羊、虎、象、犬、狮等动物图案和兰花图案，为明代遗物，园藏珍品，亭前有方形花坛为对景。

　　人文解读：佳晴喜雨快雪之亭是留园中名字最长的亭子，表达了主人顺应天时、随遇而安的豁达。据童寯《江南园林志》记载，原来佳晴喜雨快雪之亭在五峰仙馆西北位置。此处原为楼厅名"亦吾庐"，取陶渊明"吾亦爱吾庐"之意。1953年改建成此亭，亭名沿用原有亭子旧名。

| 图1-34　佳晴喜雨快雪之亭

1.14 苏州留园冠云亭

冠云亭为围绕冠云峰所作的赏石建筑之一（图1-35）。

【设计解读】

名称解读：冠云峰为著名的留园三峰之一，因具有湖石"透、漏、瘦、皱"的特点，而有"江南园林峰石之冠"的美誉，在留园林泉耆硕之馆以北，围绕冠云峰，建有冠云楼、冠云亭、冠云台、仁云庵等，均为赏石之所，并均因石得名。

景观解读：冠云亭位于冠云峰东北侧，为一座单檐六角亭，攒尖顶，斜脊翼角高高翘起（图1-36）。建筑面积5.44平方米。台基半隐在湖石假山中。

人文解读：冠云峰传说是北宋末年宋徽宗为修建园林建筑"艮岳"而采办"花石纲"时遗留在江南的一块名石，后来几经周折，到清代被留园园主盛康购得。他为了欣赏此峰，特意在石峰周围建造了一组亭台楼榭，并严格控制建筑的高度，使之不致影响冠云峰的主体地位，这些建筑都以"冠云"来命名，冠云亭就是其中之一（图1-37）。

图1-35　冠云峰与冠云亭

图1-36　高高翘起的冠云亭斜脊

图1-37　冠云亭

1.15 苏州留园亦不二亭

亦不二亭（图1-38）在留园林泉耆硕之馆西北，坐南面北，建筑面积10.96平方米。小亭北对待云庵。

【设计解读】

名称解读：其名取自佛教经典《维摩诘所说经·入不二法门品第九》。文殊问维摩诘："何等是菩萨入不二法门？"维摩诘默然不应。文殊曰："善哉善哉，乃至无有文字语言，是真入不二法门。"其意思是直接入道，只可意会不必言传。此亭面对待云庵，原为学佛之所，故以佛教典故名之。

景观解读：亦不二亭为歇山顶半亭，亭后紧贴廊墙，上辟圆洞门，既有门的通行作用，又作为廊的景门与廊墙浑然一体（图1-39）。亭北一片竹林，竹子乃佛教教义的象征，所谓"青青翠竹尽是法身，郁郁黄花无非般若"。此亭与竹相配，渲染佛教文化气息。

人文解读：亦不二亭与待云庵皆为主人念佛修行之所，因此匾额楹联均与佛教有关。"亦不二亭"原悬朱彝尊所题古端砚联"静观人世外，得句佛香中"象征主人已经找到入门之道。

图1-38 亦不二亭匾额

图1-39 亦不二亭实景

1.16 苏州留园舒啸亭与至乐亭

舒啸亭和至乐亭都在留园西部假山上,舒啸亭(图1-40)在西南,至乐亭(图1-41)在西北。二亭在枫林中相对呼应。

【设计解读】

名称解读:舒啸亭之名取自陶渊明的《归去来兮辞》"登东皋以舒啸,临清流而赋诗";至乐亭之名语出《阴符经》"至乐性馀,至静性廉"。

景观解读:舒啸亭位于假山最高处,为圆形攒尖顶亭,但亭下基座呈六角形,形体小巧。盛氏时此处为"月榭星台",1953年后重建,改名"舒啸",建筑面积4.45平方米。至乐亭平面基座为六边形,屋顶似庑殿顶形式,是仿天平山范祠御碑亭略变形而成,这种形式在江南园林中比较少见,1953年后重建,建筑面积11.71平方米。

人文解读:以"舒啸亭"为名的亭较多,苏轼《舒啸亭》诗就记述了德兴雷山舒啸亭,均是向往陶渊明归田园纵情山水、超然物外的情怀。盛氏时至乐亭外皆植果树,园主取名"至乐",使人想起王羲之"吾笃嗜种果,此中有至乐存焉。手种之树,开一花,结一实,玩之偏爱,食之益甘"的记述。清朝张之万曾题至乐亭"小园新展西南角,明月谁分上下池"。

图1-40 舒啸亭

图1-41 至乐亭

1.17　苏州留园可亭

留园中有一小小的假山，可亭为假山景区的构图中心（图1-42）。

【设计解读】

名称解读："可亭"，取可以停留之意，意为树木掩映之中，有景可以停留观赏（图1-43）。

景观解读：可亭为六角飞檐攒尖顶亭，建筑面积7.18平方米，小巧可人，具有轻灵婉约的气质。周围配以玲珑峰石，更显雅致。1953年整修时因原顶已毁，应急将一瓷花瓶倒扣作为宝顶，比原先的顶略尖一些。作为假山区的建筑，是最佳的赏景点，在亭中南望，隔水面正前方与涵碧山房和明瑟楼形成对景，左前方和濠濮亭形成对景。这种将诗情画意融于园林的作法，是典型的文人园林的特点。亭中有灵璧石桌一方，为园中珍品。

人文解读："园林甲天下，看吴下游人，载酒携琴，日涉总成彭泽趣；萧洒满江南，自济南到此，疏泉叠石，风光合读涪翁诗。"这是晚清书法家俞樾为可亭题写的对联，联中彭泽指代的是曾任彭泽令的陶渊明，而涪翁指代的是曾经被贬涪州的黄庭坚，表达了笔者的归隐之意。

│图1-42　可亭作为局部的构图中心　│图1-43　绿树掩映中的可亭

1.18 苏州狮子林文天祥碑亭

文天祥碑亭在狮子林南部，扇亭之东，以纪念文天祥为旨。其碑也是全园碑刻中珍贵的文物之一。

【设计解读】

名称解读：文天祥碑亭，又名正气亭，亭内碑刻是元代旧物、文天祥狂草手迹《梅花诗》："静虚群动息，身雅一心清。春色凭谁记，梅花插座瓶。"

景观解读：文天祥碑亭造型采用半亭形式，恰好为八角攒尖亭的一半，附于南墙之上（图1-44）。尖顶略高于墙端，四角高翘，左右与长廊相接，造型轻盈活泼，打破了南面高墙长廊单一的水平线条。

人文解读：文天祥诗碑亭中有"正气凛然"匾额（图1-45），作者款署"癸丑中秋喻蘅"，喻蘅为当代书法家，这一匾额是对文天祥民族气节的高度颂扬。碑刻《梅花诗》是文天祥身陷囹圄时，寄梅咏怀，体现了洁身自守的节操。文天祥（1236—1283），南宋状元官至宰相，抗元英雄，被俘后宁死不降，最后英勇就义。文天祥还留下了很多诗文和书法名篇，其"人生自古谁无死，留取丹心照汗青"之句，被人们千古传诵。他的书法也像他的人一样，清疏俊秀，利落精妙，清吴其贞《书画记》中称赞"怀其忠义而更爱之"。

图1-44 位于长廊中间的文天祥碑亭

图1-45 "正气凛然"匾额

41

1.19 苏州狮子林真趣亭

真趣亭位于狮子林荷花厅西北，倚廊面池而建（图1-46），被誉为江南园林最豪华的亭。

| 图1-46　真趣亭实景图

【设计解读】

名称解读：真趣即悟得山林真正意趣之亭。取宋代王禹偁《北楼感事》诗"忘机得真趣，怀古生远思"句意，意思是忘却机巧之心，才能悟得山林之真趣，与造园主旨合拍。

景观解读：真趣亭为卷棚歇山顶，造型典雅庄重，内饰豪华，有别于江南其他亭子的风格。此亭为皇帝亲临之地，所以亭内装饰金碧辉煌，倚廊一面装有六扇屏门，雕刻精美，全部为清末名家之作。屋架和梁柱上刻有"凤穿牡丹"图案，涂抹金粉，雍容华贵。亭柱全部漆大红色，三面设吴王靠（又名美人靠），并装饰口里衔着金如意的鎏金木刻狮子。真趣亭整体风格具有皇家园亭的豪华气派。真趣亭作为主要的观景点，坐于亭内，可观赏百狮山、石舫、九曲桥、湖心亭和远景假山等。亭上方所悬"真趣"匾额，为乾隆皇帝御笔（图1-47）。

人文解读：1765年，乾隆下江南游狮子林时，对其大加赞叹，兴之所至，写下《游狮子林即景杂咏》："城中佳处是狮林，细雨轻风此首寻。岂不居然坊市里，致生邈尔濠濠心。""真树盖将千岁计，假山曾不倍寻高。云林大隐留芳躅，谁复轻言作者劳。""画谱从来倪与黄，楚弓楚得定何妨。庭前一片澄明水，曾照伊人此沐芳。"真趣亭还有楹联一对"浩劫空踪，畸人独远；园居日涉，来者可追"。"来者可追"语出《论语•微子》"往者不可谏，来者犹可追"，陶渊明《归去来兮辞》中也有"归去来兮！田园将芜胡不归？……悟已往之不谏，知来者之可追"，由此可见，此联旨在追求陶渊明闲适平淡的田园生活和超然物外的旷达心境。

图1-47 真趣亭匾额

43

1.20　苏州狮子林湖心亭

狮子林湖心亭为六角攒尖顶亭（图1-48），位于湖心。

【设计解读】

名称解读：狮子林湖心亭在湖中占中心位置，故名湖心亭，因它本身又是观赏瀑布的最佳位置，故又名观瀑亭。

景观解读：湖心亭有曲桥通东西两岸，曲桥和湖心亭分隔水面，产生曲折幽深的感觉（图1-49），站在六边形的亭内，可自由环视四周景色，出亭沿曲桥行走，随着桥的走向变化，人的视角也在随之变化，这正是湖心亭"步移景异"的妙处所在。从湖心亭西望有瀑布飞泉，瀑布共分五叠，跌入池中，水花飞溅，瀑布与湖水一动一静，均可被坐于湖心亭之人收入眼底。同时，当游人沿池绕行时，湖心亭始终是视线的焦点。连接亭的九曲桥与南面的拱桥一平一拱、一曲一直、一轻一重，形成了鲜明的对比，丰富了空间层次。

人文解读：中国园林中湖心亭比较多，著名的有杭州西湖湖心亭、南京豫园湖心亭、扬州瘦西湖湖心亭等。狮子林的湖心亭相对小巧、通透，湖石的基座并不大于亭的面积，且湖石下通透的视觉效果造成了亭子凌空而设的错觉，加之两侧均有似悬浮于水面之上的平曲桥向陆地延伸，更给人一种空灵孤寂、物我两忘的感受。湖心亭中悬匾"观瀑"，将人的思绪拉回现实的同时，又将人的视线引向亭外高处的瀑布，形成仰借，这种虚实的变化、意境的渲染，将湖心亭的审美价值发挥到了极致。

图1-48　湖心亭立面图（引自《苏州古典园林营造录》）

图1-49　湖心亭实景图

1.21 苏州狮子林飞瀑亭

飞瀑亭在狮子林西部的一座石包土假山上（图1-50），建于民国初年。

图 1-50 飞瀑亭仰视视角

【设计解读】

名称解读：狮子林全园最高处，用湖石叠成三叠，利用较大的高差引水从高处倾泻而下，成人工瀑布。因能听水声，飞瀑亭又名听涛亭。

景观解读：飞瀑亭建在瀑布旁，造型为卷棚歇山顶半亭形式，南与爬山廊相接，树木掩映（图1-51）。亭位于假山高处，飞瀑水源出自山涧之中，沿湖石设三级逐渐加宽的承水小潭和溢水口，使流水三次跌落而下，最下有池承接，遂成人造瀑布。狮子林飞瀑为苏州园林中唯一的人造瀑布，其形其声，动人心弦。飞瀑亭和湖心亭皆可加深瀑布的意境和景观价值。飞瀑亭虽与瀑布相邻，但因山石树木阻挡，并不能看到瀑布，亭中有石桌和四只石鼓墩座，坐在飞瀑亭中，只听流水潺潺，这种若即若离、虚实相生的美正是飞瀑亭的妙处所在。

人文解读：飞瀑亭中有匾额"听涛"，与山下湖心亭"观瀑"匾额相互辉映。飞瀑亭与湖心亭一高一低，一听一观，相互应答，更增添了园中情趣。飞瀑亭中有四扇屏风，上刻《飞瀑亭记》："西面新筑一亭，额曰：'飞瀑'。旁有瀑布，其声昼夜不息，游斯园者，如登海舶而怒涛。今主人又题一榜曰：'如闻涛声'。噫！其殆有深意存其间欤？盖主人久阁海上，与海外人士衔杯酒接殷勤，不亢不卑，情意欼洽。主人偶临斯亭，闻声不忘航海景象，亦安不忘危之意尔，或曰主人将抚此名胜而娱晚景则浅乎言之矣。"这记叙了建造飞瀑亭的目的是为坐听飞瀑之音，并告诫自己不忘曾经的航海经历，有居安思危之意。

图1-51　飞瀑亭平视视角

47

1.22　苏州狮子林对照亭

　　对照亭位于狮子林小方厅西侧，为暖亭，窗子以彩色玻璃装饰（图1-52），和园内石舫一样，带有一些西洋风味，这是贝氏家族在民国时期重修狮子林时所建。

| 图1-52　对照亭

【设计解读】

　　名称解读：对照亭又称打盹亭。打盹乃半睡半醒的样子，园主人以此比喻一种悟禅"入定"状态。在此坐禅悟性，以"禅定"方式进行直觉观照与沉思冥想，观照的对象是自己的心灵，所以该亭称"对照亭"。

景观解读：打盹亭因四周镶嵌七彩玻璃而使该亭具有了一定的私密性，是夏天打盹的好去处，也是文人墨客三两知友小聚的私人空间。晚清时期，西方建筑材料传入我国，贝润生作为当时狮子林的主人，用西方的彩色玻璃重新装饰了园中的多处建筑，其中就包括对照亭。

人文解读：对照亭中挂有"打盹亭"匾额（图1-53），下挂红木大挂屏，中嵌长方形大理石，大理石上有曲园居士题"浮岚清晓"额，并刻"浮气岚清晓，钟声出白云"诗句。挂屏两侧有对联"楼台金碧将军画，水木清华仆射诗"，此处的将军指唐朝李思训，创金碧青绿山水之画法，是我国山水画"北宗"创始人；仆射指东晋谢混，以《游西池》名句"景昃鸣禽集，水木湛清华"享誉古今。该对联装帧为古琴联，在苏州园林博物馆有相同文字的一副楠木古琴联。

图1-53　"打盹亭"匾额、挂屏及对联

1.23　苏州狮子林御碑亭

御碑亭位于狮子林正气亭东，东西两侧与廊相连。

【设计解读】

名称解读：御碑亭因亭中墙上嵌有乾隆诗碑而名。

景观解读：御碑亭为攒尖顶半亭（图1-54）。半亭是文人园林中亭倚于墙上的一种常见作法，可将人的想象空间延伸至墙外，无形中扩大了亭的体量感。御碑亭下临池潭，隔池与修竹阁相对。

人文解读：乾隆皇帝与狮子林有很深的渊源，他一生六游狮子林，题匾3块，作诗10首。御碑亭和真趣亭，都保留着乾隆皇帝的真迹，述说着乾隆皇帝当年的故事。相传，倪瓒的《狮子林图》传入宫中后，乾隆爱不释手，反复品鉴，在上面写满密密麻麻的字，盖满大大小小的章。第二次南巡时，乾隆皇帝特地带着《狮子林图》，对照画卷游赏狮子林。但此时的狮子林规模已扩大了不少，于是乾隆又命宫廷画师钱维城作了《狮林全景图》，并赐匾"镜智圆照"给狮子林寺，御笔亲题五言诗《游狮子林》，此诗后被刻成御诗碑（图1-55），从此狮子林又添一景御碑亭。1771年，乾隆又命人做狮子林烫样（模型），分别在长春园（今圆明园东侧）和承德避暑山庄加以仿建，以便随时游玩。自此形成南北园林三狮竞秀的局面。

| 图 1-54　御碑亭

| 图 1-55　御碑亭内御诗碑

1.24 苏州狮子林扇亭

扇亭建在狮子林西走廊的折弯处，下为假山，置身其中，可饱览园景。

【设计解读】

名称解读：扇亭，因其形而命名。扇亭的内部结构与拙政园的扇亭即与谁同坐轩有异曲同工之处。其外形像折扇的扇面，地面呈扇形，景窗是扇形，吴王靠是扇形，石台也是扇形。

景观解读：扇亭在假山较高处，是观景佳处（图1-56）。在扇亭中，园景十之八九尽收眼底。由亭内北可望由接驾桥连通的假山小岛，东可望黄石假山"小赤壁"。亭子处在折廊拐弯处，使生硬的转角变成了一处独特的景观。扇亭将亭与廊巧妙组合，亭顶高出廊顶，淡化了墙隔闭塞之感，成为两侧廊道的巧妙过渡，与廊墙组合成浑然一体的建筑景观。外侧扇面展开，面向园中假山水池，正面向后仰靠的鹅颈椅，扩展了亭内空间。

人文解读：扇亭面水的两根柱子上有竹刻抱柱联一副"相逢柳色还青眼，坐听松声起碧涛"（图1-57），为清末著名学者俞樾所题。

图1-56 狮子林扇亭　　图1-57 扇亭抱柱联

1.25　南京煦园鸳鸯亭

鸳鸯亭位于煦园太平湖东南侧，为园内的一座双顶亭。

【设计解读】

名称解读：煦园有南北假山，鸳鸯亭建于南假山，似两亭重叠而成，两亭翼角起翘，似一对鸳鸯，浑然一体，形影相随，因此名鸳鸯亭（图1-58）。

景观解读：双亭的两个方亭合建，平面是两个方形，各以一角相叠，也就是中国传统吉祥纹样中的"方胜"图案，因此这座亭又叫"方胜亭"。檐枋、檐檩均施彩绘，在花梁头与柱间有彩绘撑拱。亭的基座有山石相衬，美观自然。鸳鸯亭建于清同治年间，在苍松梧桐之中。此类造型的亭在江南园林中比较少见。

在鸳鸯亭的旁边，有一块用小块太湖石整体构景的手法堆掇而成的石景（图1-59），整体像一个繁体的"寿"字，因此又称"寿字石"。鸳鸯亭的蹬道也由自然石块砌成，极具自然之趣。

人文解读：鸳鸯亭是江南现存最早的方胜亭。方胜图案是传统的吉祥图样，方胜亭也有吉祥的含义，表示夫妻同心。鸳鸯亭楹联"身披彩绮交头语，心许长空比翼飞"，以鸳鸯喻亭，形象生动。

|图 1-58　鸳鸯亭　　　　　　　|图 1-59　鸳鸯亭旁湖石

1.26 苏州沧浪亭观鱼处

观鱼处位于复廊东面尽头（图1-60），为一座三面临水的方亭。

【设计解读】

　　名称解读：观鱼处，原名濠上观，取"庄子与惠子观鱼于濠梁之上"。庄子曰："儵鱼出游从容，是鱼之乐也。"惠子曰："子非鱼，安知鱼之乐？"庄子曰："子非我，安知我不知鱼之乐？"这番辩论以鱼之乐为话题展开，既富有哲思的智慧，又表达了对自由、快乐的向往，苏舜钦用这一名字体现了他达观的心胸。

　　景观解读：观鱼处位于水面最宽阔处，此亭位于复廊尽头，仿佛廊的收束（图1-61）。

　　人文解读：观鱼处的匾额"静吟"取自苏舜钦居沧浪亭园中所作的《沧浪静吟》诗。亭上对联之一"共知心如水，安见我非鱼"。"心如水"出自《汉书·郑崇传》："上责崇曰：'君门如市人，何以欲禁切主上？'崇对曰：'臣门如市，臣心如水，愿得考复。'"郑崇因敢于直言进谏而闻名天下，这里比喻苏舜钦。下联出自濠梁之辩，表示在此观鱼也颇有当年庄子与惠子的情趣。亭上对联之二"亭临流水地斯趣，室有幽兰人亦清"，借写室内室外景物的美好比喻人的品德高尚。

图1-60　观鱼处远景

图1-61　观鱼处近景

53

1.27　苏州沧浪亭中的沧浪亭

沧浪亭是苏州名园沧浪亭中的同名建筑。沧浪亭隐藏在山顶上（图1-62），亭的结构古雅，四周古树环抱。

【设计解读】

名称解读：借《孟子·离娄》中"沧浪之水清兮，可以濯吾缨；沧浪之水浊兮，可以濯吾足"的语意，命名为沧浪亭。

景观解读：沧浪亭园始建于宋代，是苏州现存最古老的园林。园中之亭各有千秋，其中同名建筑沧浪亭更是不可多得的精品。沧浪亭为方形歇山顶，飞檐翘角，有石柱支撑（图1-63）。檐下为斗拱设计，结构古朴典雅。仔细研究沧浪亭园林平面图，沧浪亭的位置令人称奇，园子的中心是假山，假山的中心是亭，亭中心摆放着一张圆桌，桌的圆心正好是整个山亭的中心。相传亭中石棋枰为杜甫的遗物。这一设计传达的信息是此亭即为全园的中心。又因为亭子是唯一不与走廊连接的建筑，这样更突出了亭的中心地位。

人文解读：世间以"沧浪"命名的建筑比较多，均附会渔隐之意。苏舜钦被贬离开官场后在苏州建沧浪亭，并自号"沧浪翁"，表达了读书人不折膝于世俗的磊落情怀。苏舜钦为此作《沧浪亭记》中记载："构亭北碕，号'沧浪'焉。前竹后水，水之阳又竹，无穷极。澄川翠干，光影会合于轩户之间，尤与风月为相宜。"苏舜钦的好友欧阳修依据此文，作诗《沧浪亭》，表达了对友人的不幸遭遇的同情，为其能于山居生活自得其乐而庆幸，对其人品诗文进行了褒扬。

历史更替，沧浪亭园几经兴废，沧浪亭的位置也并非苏舜钦时原址，现有位置为康熙年间江苏巡抚宋荦在这假山上重建沧浪亭时所定。亭上所刻"沧浪亭"三字，为清代学者俞樾所题（图1-64）。亭柱上有对联一副，为楹联大师梁章钜所作、俞樾所写"清风明月本无价，近水远山皆有情"。该联为集句联，由欧阳修《沧浪亭》诗中"清风明月本无价，可惜只卖四万钱"的上句和园主苏舜钦《过苏州》诗中"绿杨白鹭俱自得，近水远山皆有情"的下句组合而成。无论是清风明月，还是近水远山，都是大自然的馈赠，能够抚慰心灵、陶冶情操，诗联表达了纵情山水，超然物外的达观情怀。

|图 1-62　树木掩映中的沧浪亭　　　　　|图 1-63　沧浪亭近景

|图 1-64　沧浪亭对联

|图1-65 御碑亭在长廊中的位置

绪论

亭

廊

轩

楼

图

馆

堂

舫

1.28 苏州沧浪亭御碑亭

御碑亭在沧浪亭园内主景山西侧，南北均与曲廊相连（图1-65）。

【设计解读】

名称解读：因亭中石碑上刻有康熙皇帝御笔题写的诗文，所以被称为御碑亭。

景观解读：御碑亭为卷棚歇山顶方形半亭，御碑嵌于后面墙壁上，其两侧墙壁为长廊的花窗。东面缘石级而下（图1-66），可达假山石壁之侧的水池，池旁有清朝学者俞樾篆书的"流玉"两个字，比喻这小池塘里的水就好像一块流动的碧玉。御碑亭周围的假山在清朝末年时用湖石等石料重新修整过。

人文解读：御碑亭刻有康熙皇帝诗一首"曾记临吴十二年，文风人杰并堪传。予怀常念穷黎困，勉尔勤箴官吏贤"。诗碑两侧有对联"膏雨足时农户喜，县花明处长官清"（图1-67）亦为康熙皇帝御笔。从诗文和对联的内容上看，康熙很重视农业的发展，期待风调雨顺，百姓安乐，诗中还提出了对官员清正廉明的期望和勉励。除了御碑亭有康熙皇帝御笔之外，还有一处闲吟亭留有乾隆皇帝的真迹。

|图1-66 御碑亭近景　　|图1-67 御碑与对耶

1.29　苏州沧浪亭仰止亭

出"翠玲珑"向西沿走廊可见走廊有一座小型半亭，即为仰止亭（图1-68）。

【设计解读】

名称解读：仰止亭，意为道德高尚令人仰慕的亭子。取《诗经》中："高山仰止，景行景止"句意而名。

景观解读：仰止亭为攒尖顶半亭，体量较小，造型简洁，坐槛和廊一致，浑然一体。亭正中壁间嵌有明代画家文徵明画像，南侧廊墙亦嵌有沧浪亭五老图咏、七老图、沧浪亭补柳图等书条石刻，以苏州历史上的名宦士人为题材，以纪念和讴歌对历史做出贡献的人。

人文解读：仰止亭是张树声依《诗经》"高山仰止，景行行止"中的意境而建造，用以表达对贤达的"虽不能至，然心向往之"的推崇。仰止亭前面两亭柱有艺术大师吴昌硕题写的对联"未知明年在何处，不可一日无此君"，上有题识："玉农明府奉差吴中，在沧浪亭七易寒

暑。左右修竹，空翠洗襟，明岁将之句容，嗟世态之炎凉，羡清风之洒落，摘句属篆，竟不忘游钓处也。时丁未土月昌硕吴俊卿。"上联是说世事无常、未来不可预测，下联说竹的珍贵，托物言志，使人想起苏轼"宁可食无肉，不可居无竹"的名句。亭前恰植翠竹，文景相合。

图 1-68　仰止亭

1.30 苏州网师园冷泉亭

冷泉亭位于殿春簃小院西，坐西向东。

【设计解读】

名称解读：冷泉亭在涵碧泉旁，因涵碧泉而得名。

景观解读：冷泉亭是殿春簃庭院中最高的赏景之处，亭依山势而建，依墙而起（图1-69）。冷泉亭高5米，面阔3米，进深2米，亭顶线条柔和，亭前翘角高高翘起，为攒尖顶方形半亭，南北坐槛上设吴王靠。如前文所述，半亭在文人园林中应用较多，常依墙而建，是一种将人的视线延伸向墙外的小中见大的典型作法，但一般半亭的作法是省略一半，游览者只看到一半的亭子，故而称为半亭。但冷泉亭的设计与众不同，与亭相交处的墙加高，在亭顶与加高的墙之间筑起两条脊，因亭顶与墙之间的距离较短而形成两条短脊，翼角较前面两

| 图 1-69 倚墙而建的冷泉亭

条脊起翘轻微。这样，后面两个翼角与前面的翼角前后呼应又有所区别，这种既是半亭又有四个翼角的作法在苏州园林中较为罕见。冷泉亭亭基高出地面1米，踏跺由湖石自然堆砌而成，造成峰峦叠嶂的视觉效果。

　　人文解读：额题"冷泉亭"三字。俯瞰水潭，可见一泓天然泉水，旁边有一块刻有"涵碧泉"的石头。冷泉亭内有大型灵璧石立峰一块，高约3米（图1-70）。这块石头通体呈灰色，玲珑剔透，集透、漏、瘦、皱的特点于一身，形似展翅欲飞的雄鹰，故名"鹰石"，轻扣能发出敲击金属之声，是灵璧石中的珍品。此石原为明代大画家唐寅桃花坞宅中之物。

图1-70　冷泉亭内的灵璧石

1.31 苏州网师园月到风来亭

月到风来亭位于网师园彩霞池西，依水而建，三面环水（图1-71）。

【设计解读】

名称解读：亭名取意北宋邵雍诗《清夜吟》句"月到天心处，风来水面时"，一说出自唐朝诗人韩愈"晚色将秋至，长风送月来"，点出此亭最宜临风赏月。

景观解读：月到风来亭为六角攒尖顶，三面环水，直径3.5米，高5米余，戗角高翘，黛瓦覆盖，青砖宝顶，线条流畅。内设吴王靠，供人坐憩。亭下立柱以石相围，并留出石洞，水与亭相互渗透，使亭更具有了空灵之感。亭后有曲廊向两侧伸展，廊墙上设有漏窗，月到风来亭后的墙上悬着一面大镜，与两侧漏窗虚实相生，同时又可作为渲染月色意境的重要元素。

人文解读：此亭地势较高，三面环水，每到明月初上，便可看见水中、镜中、天上三个明亮的圆月，独成一道奇景。亭内悬挂"月到风来亭"篆体匾额，亭东二柱上，挂有清代书画家何绍基竹对"园林到日酒初熟，庭户开时月正圆"，取自南唐诗人伍乔诗句（图1-72）。中秋时节，到此赏月，该是一大雅事。

绪论

亭

廊

轩

榭

楼

图

馆

堂

舫

| 图 1-71 三面环水的月到风来亭

| 图 1-72 月到风来亭近景

1.32 苏州耦园望月亭

望月亭位于耦园东花园受月池西北角。

【设计解读】

名称解读：该亭临池而筑，月影入池，可尽情观赏水月天光，故名望月亭。

景观解读：望月亭为方形卷棚歇山顶小亭。该亭主色调为枣红色，为三面以玻璃窗封闭的暖亭（图1-73）。耦园为清末沈秉成辞官归隐时所作，这座最后成型于清末的园林，其中的建筑在一定程度上受到了西洋建筑风格的影响（图1-74）。

人文解读：耦园分为东西两园，处处体现阴阳和合之道和夫妻恩爱之情，其中的景物常成对出现，与此望月亭成对的是受月池。东花园内筑有黄石假山，假山前的小池，即为受月池，望月亭位于池西北角，主要供园主沈秉成和夫人严永华赏月自娱。受月池将天上月倒映水中，再于望月亭中欣赏水中月亮，在中秋团圆时节，自有花好月圆的美好意境。

| 图1-73　望月亭

| 图1-74　望月亭内景

1.33 苏州耦园吾爱亭

吾爱亭位于耦园东花园筼廊南端，西对受月池（图1-75）。

| 图 1-75 吾爱亭

【设计解读】

名称解读："吾爱"亭名系沿用涉园旧名，取晋陶渊明《读山海经》（其一）诗意，诗云："众鸟欣有托，吾亦爱吾庐。既耕亦已种，时还读我书。"一是借诗句表达淡泊名利的生活态度，同时也是表达夫妻恩爱之意。

景观解读：吾爱亭建于受月池旁假山石上，亭基石构，卷棚歇山顶，面积约13平方米。吾爱亭在筼廊的南端，在形制上和望月亭基本一致（图1-76）。亭东为银杏木雕花纱槅进出，亭西、南、北三面均为和合窗（图1-77）。

吾爱亭与望月亭互为对景。隔着受月池，吾爱亭与樨廊的无名半亭又互为对景。

人文解读：虽然吾爱亭最初的含义是"吾亦爱吾庐"的淡泊超脱，但恰与男主人处处表达出来的对女主人的依恋之意相合，这也正是此亭沿用旧名的真正用意。与吾爱亭成对出现的是水阁"山水涧"，是女主人弹琴的地方。

图 1-76　形制与望月亭一致的吾爱亭

图 1-77　吾爱亭和合窗

1.34　吴江退思园眠云亭

绪论

亭

廊

轩

榭

楼

图

馆

堂

舫

眠云亭是立于退思园假山之巅的一个双层小亭。

【设计解读】

名称解读：亭名取自唐代刘禹锡《西山兰若试茶歌》"欲知花乳清泠味，须是眠云跂石人"。

景观解读：亭子为双层结构，下层四周堆砌太湖石，形成洞室，上层为亭（图1-78）。从水面一侧观眠云亭，好似亭位于山巅，有凌云腾空之势。绕过山石，方可见一间小室隐于山石之中。亭周边的假山石级迂回曲折通向二层。登上眠云亭后，视线豁然开朗，对岸的水香榭、退思草堂、莲花池一览无余。眠云亭以主体升高的作法塑造了清凉静幽的环境。与其他的水边之亭不同，眠云亭并没有强调亭与水的相互渗透，而是退后于水面，隐于树木掩映之中（图1-79），与水面的距离感无形中使水面显得开阔。眠云亭上层的结构就是一座完整的亭，卷棚歇山顶，柱间设有吴王靠，可坐靠观景。亭的功能也主要在上层，下层则相对独立，隐于山石之中，简洁幽静，可小酌对弈（图1-80）。

人文解读：眠云亭眠云卧石、怡情山水的意境与退思园的整体格调非常协调。

图 1-78　高踞于假山之上的眠云亭 | 图 1-79　退后于水面的眠云亭 | 图 1-80　上下两层功能不同的眠云亭

1.35 苏州怡园四时潇洒亭

四时潇洒亭在怡园东部，玉延亭的北面。

【设计解读】

名称解读：亭名源于宋《宣和画谱》"宗室令庇，善画墨竹，凡落笔潇洒可爱"之句，意为此亭为观赏墨竹之处，人们可注目欣赏庭院之中茂密幽深的竹林景致。竹向来就是文人最爱，以竹为主题的建筑在文人园林中非常常见。

景观解读：四时潇洒亭为六柱四角方亭，卷棚顶（图1-81）。亭周遍植竹林，苍翠挺拔，与亭名意境相合。亭东面、北面开敞，有花街铺地，精美雅致。亭西二柱间有月洞墙壁，可通西面坡仙琴馆和石舫。南有曲廊连接玉延亭。玉延亭匾额小序中有"主人友竹不俗，竹庇主人不孤"之句，且亭周也种植竹子，因此，四时潇洒亭通过迂回曲折的回廊与玉延亭连接，构成一组完整的园林建筑小景。

人文解读："四时潇洒亭"匾额（图1-82）为清代著名书法家、篆刻家丁敬所题，风格平正、古朴、浑厚。四时潇洒亭墙壁上，嵌有著名的《玉枕兰亭集序》摹本石刻。亭背面有砖刻"隔尘"，意为隔断世俗风尘，款署"吴云"，清代书法家、篆刻家。

图1-81　四时潇洒亭

图1-82　四时潇洒亭匾额

65

1.36 苏州怡园玉虹亭

玉虹亭为怡园内半亭，倚廊而建（图1-83）。

| 图 1-83 玉虹亭

【设计解读】

　　名称解读：玉虹亭之名，取宋代吴文英词《十二郎·垂虹桥》"酹酒苍茫，倚歌平远，亭上玉虹腰冷"句意。

　　景观解读：玉虹亭为方形小亭，造型质朴，半倚廊腰，对面为石听琴室。亭前栽植杏树，杏花春雨之时，妙趣横生，是文人墨客品茗论诗之佳处。

人文解读：玉虹亭匾额"玉虹"（图1-84），作者为陆凤墀，清朝著名的书法家、篆刻家，其书法气势浑厚、朴实稚拙、平中寓奇。顾文彬聘请陆凤墀主持修建怡园刻碑的工程，故陆凤墀所刻碑石在怡园见于多处，如怡园碑刻长廊上的王羲之、怀素、米芾等名家书法刻石，都是出自陆凤墀的手笔。"玉虹"匾额用汉隶书写，端庄质朴。又有题记云："亭上玉虹腰冷，吴梦窗词句也。此亭半倚廊腰，平（图中的"平"字，疑"半"字的错字。作者注）临槛曲，怡园主人撷取'玉虹'二字名之。属余记其缘起。"这说明了玉虹亭名字的由来。

玉虹亭对联"曲砌虚庭，玉影半分秋月；联诗换酒，夜深醉踏长虹。"此为集南宋词人周密词而成的联。取《过秦楼·绀玉波宽》《好事近·轻靄楚台云》中的词句，写景抒情。该亭内墙壁上嵌有画竹石刻三方，为元代四大画家之一的吴仲圭（号梅花道人）作品。

|图1-84 玉虹亭匾额

1.37 苏州怡园面壁亭

面壁亭在怡园碧梧栖凤馆的西面，北向而立。

【设计解读】

名称解读：此亭北面面对石壁（图1-85），南面为墙。墙上一面明镜，如驻足面对此镜，北面石壁便映入镜中，故名。

景观解读：面壁亭为四角单檐攒尖顶亭，壁间悬挂的大镜（图1-86）映照着对面假山和螺髻亭的景色，在视觉上扩大了亭内空间，运用了虚实相生的园林艺术手法。

人文解读：面壁亭应为园主人面壁思过之地。"面壁"是佛家禅宗的修炼法，据说，达摩师祖来到中国，寓居嵩山少林寺，面壁十年，参禅悟性，以至在墙壁上留下了自己的影像。面壁亭效法达摩面壁，也是自省其身之意。匾额"面壁"（图1-87），作者为晚清书法家吴大澂。面壁亭对联"云洞插天开，欲往何从，一百八盘狭路；湘屏展翠叠，临流更好，几千万缕垂杨"。上联三句依次集自辛弃疾《水调歌头·千古老蟾口》《声声慢·停云霭霭》和《水调歌头·头白齿

|图 1-85　面壁亭

牙缺》三词，下联三句依次采自宋朝周密《霓裳中序第一·湘屏展翠叠》《齐天乐·护春帘幕东风里》和《拜星月慢·郡僚间载酒相慰荐》三词，用夸张的手法描写了此亭周围的景象。

图 1-86　亭壁大镜

图 1-87　"面壁"匾额

1.38　苏州怡园小沧浪亭

小沧浪亭在怡园西部主景山的东端，南临荷花池（图1-88）。

| 图 1-88　小沧浪亭

【设计解读】

名称解读：小沧浪亭和前文沧浪亭寓意相同，也是由《孟子·离娄》中"沧浪之水清兮，可以濯吾缨；沧浪之水浊兮，可以濯吾足"句意而得名。

景观解读：小沧浪亭为六角形攒尖顶亭，北面两柱间为墙，上开六角形漏窗，其余柱间通透，设坐槛。立于亭中可观南面荷池景色。亭东北立有三块造型独特的太湖石，与太湖石传统欣赏标准"透、漏、瘦"背道而驰，此石为片状，因其形状不流于常形而弥足珍贵，成为怡园的镇园之宝（图1-89）。石上刻"屏风三叠"四个篆字，下有款："山谷老人题石语，孝思书"可知是近代书画家谢孝思借用了宋代著名诗人——"山谷老人"黄庭坚曾经题石头的字。

人文解读：亭中匾额"小沧浪"集文徵明书法而成。小沧浪对联之一"竹月漫当局，松风如在弦"，作者为明代书法家祝枝山。小沧浪对联之二"冷石生云，花气烘人尚暖；明波洗月，珠光出海犹寒"为集宋朝张炎词联。"冷石生云"出自《甘州·倚危楼》，"花气烘人尚暖""珠光出海犹寒"出自《西江月·花气烘人尚暖》，"明波洗月"出自《台城路·朗吟未了西湖酒》。小沧浪对联之三"磴古松斜，自放鹤人归，何事登临感慨；崖阴苔老，喜嘶蝉树远，不妨留待凉生"为集南宋周密词联。上联三句依次集自《一萼红·登蓬莱阁有感》《木兰花慢·断桥残雪》和《声声慢·九日松涧席》三词；下联三句依次集自《一萼红·登蓬莱阁有感》《过秦楼·避暑次云韵》和《朝中措·茉莉拟梦窗》三词。小沧浪对联之四"游冶未知还，闲留莺管垂杨，渔栖暗竹；登临休望远，人倚虚阑唤鹤，隔水呼鸥"亦为集张炎词联。上联集自《浪淘沙·香雾湿云鬟》《木兰花慢·为静春赋》和《木兰花慢·水痕吹杏雨》。下联集自《台城路·朗吟未了西湖酒》《一萼红·舣孤篷》和《声声慢·晴光转树》。

图 1-89　亭外三块片状太湖石

1.39　苏州怡园螺髻亭

　　螺髻亭位于怡园慈云洞顶石山的最高处（图1-90），可眺望西面画舫斋。

【设计解读】

　　名称解读：螺髻亭的名字取自苏东坡的诗句"乱峰螺髻出，绝涧阵云崩"。唐雍陶亦有《题君山》诗描写君山"疑是水仙梳洗处，一螺青黛镜中心"。古人亦常以螺髻比喻矗立耸起的峰峦，此亭小巧精致，又位于高处，联系亭名，使人联想到美人头上的螺状发髻，亭周景色宜人，风静花柔，螺髻亭如美人，姿态万方、妩媚动人。

　　景观解读：螺髻亭为六边形攒尖顶亭，造型简洁，无过多装饰，坐落于湖石堆砌的假山上，山势陡峭、洞壑幽然，穿行其中，神秘莫测，高处险峻之地还有石桥连接。螺髻亭所处的位置为全园最高处，山下临池，拾级而上，站立亭上，恍若置身自然山景之中，是经典的小中见大、咫尺山林的作法。苍山、幽水、茂树、蝉鸣、鸟语等自然景物令人心旷神怡（图1-91）。

　　人文解读：螺髻亭对联"拥素云黄鹤，高柳晚蝉，下瞰苍崖立；看槛曲萦红，檐牙飞翠，惟有玉阑知"为园主集宋姜夔词句而作的写景联。上联集自《翠楼吟·月冷龙沙》《惜红衣·簟枕邀凉》和《虞美人·摩挲紫盖峰头石》。下联集自《翠楼吟·月冷龙沙》和《蓦山溪·题钱氏溪月》。此联虽为集联，但贴切自然，不露痕迹，与景观契合，妙不可言。现已不存。

|图 1-90 耸立高处的螺髻亭

|图 1-91 螺髻亭近景

1.40　上海豫园织亭

织亭位于豫园中部景区，在绮藻堂和荷花楼之间。

【设计解读】

名称解读：织亭（图1-92）为纪念黄道婆而建，黄道婆为纺织业始祖，故名织亭。

景观解读：织亭为四角攒尖顶暖亭，面对湖心亭、九曲桥（图1-93）。

人文解读：咸丰年间，布业公所在豫园得月楼上建了一座黄道婆祠，供奉布业的始祖黄道婆。黄道婆是宋末元初人，对革新棉纺织工具，促进棉花的种植推广乃至促进江南棉纺织业的发展都做出了重大贡献。光绪二十年（1894年），布业公所又建此亭以示纪念，在裙板上刻有16幅木刻画，再现了棉花播种到上浆织造的技术，比较完好地保存了清末手工棉纺织技术的流程。

|图 1-92　织亭近景　　　　　　　　　|图 1-93　织亭面对九曲桥

1.41 上海豫园耸翠亭

耸翠亭位于豫园东南角观涛楼东面的假山上，为双层亭阁（图 1-94）。

【设计解读】

名称解读：耸翠亭耸立于假山上苍翠的树木之中，故而得名。

景观解读：耸翠亭为双层双檐亭，如此大体量的亭在江南园林中比较少见。底层是小型方厅，置石桌、石凳，周围林木苍翠，精致幽静。登上耸翠亭二层观景，有一览众山小的气势。此处山体采用夸张的手法构成自然山林景象，使人宛如置身千山万壑之中。其旁有泥塑龙墙，北接"洞天福地"凤凰亭，南连"别有洞天"。

人文解读：耸翠亭内有"灵木披芳"匾。厅前有砖雕《郭子仪上寿图》，墙上有《重修内园记》等石碑，记载内园历史。

|图 1-94　耸翠亭

75

1.42　杭州郭庄赏心悦目亭

赏心悦目亭位于郭庄南北平分线东侧、太湖石山峰之巅（图1-95）。

【设计解读】

名称解读：赏心悦目亭又名仁云亭，因居于全园制高点，在此驻足可俯瞰西湖和郭庄美景而得名。

景观解读：赏心悦目亭为四角攒尖方形暖亭，翼角飞翘，空灵飘逸。一亭孤峙，四周美景如画，是借景的绝佳之地。远借青山诗情、邻借西湖画意、俯借园中美景，咫尺之地，以一角小亭而引湖山之胜，美不胜收。身处赏心悦目亭，赏四周美景，身心愉悦，真可谓名副其实。

人文解读：赏心悦目亭下假山为清代遗构。假山中暗藏一水洞从亭下经过（图1-96），洞穴是山体景观中最神秘的一种，可以激发人的探险好奇心。"园林之胜，唯山与水二物"，此处设置的水洞，不但可以使山水的关系更密切，还能形成虚实相生的效果，丰富游览内容，扩大山体体量。水洞将郭庄水池与西湖水面连通，正因这一水洞，面积本不大的郭庄水池一下子变得豁然开朗。

|图 1-95　赏心悦目亭

|图 1-96　亭下暗藏的水洞

1.43　无锡寄畅园涵碧亭

涵碧亭位于寄畅园锦汇漪东南角，嘉树堂东北角，七星桥东面。

【设计解读】

名称解读：因亭临于水上，周围树木繁茂，浓荫四合（图1-97），树木倒映水中，正合涵碧之意境。

景观解读：涵碧亭为长方形卷棚歇山顶，三面凌空，有柱架于水上，三面有鹅颈椅。坐于亭中，可西望七星桥（图1-98）。南面柱间以粉壁作障景，南望则视线闭塞，以达到动静分割的目的。亭后古樟，已有400多年历史。

人文解读：亭中悬民国时书法家张涤俗书写的匾额。寄畅园第四代主人秦燿有写涵碧亭的诗《寄畅园二十咏》（其七）"中流击孤艇，危亭四无壁。微风水上来，衣与寒潭碧。"

图1-97　涵碧亭近景

图1-98　涵碧亭外七星桥

1.44 无锡寄畅园知鱼槛

知鱼槛位于锦汇漪的中心地带，是整个水景的核心（图1-99）。从这里看园里任何一个方向，都是可以入镜的美景。

【设计解读】

名称解读：知鱼槛其名来自庄子与惠子著名的濠梁之辩。亭临水处设吴王靠，游人可以坐倚于此，欣赏锦汇漪中的游鱼，这也点明了知鱼槛名字的出典。

景观解读：知鱼槛为方形卷棚歇山顶，外形与涵碧亭相似，三面临水。知鱼槛是寄畅园中诸多借景视点之一。

寄畅园将园外的自然山体惠山通过视线的组织借景入园，设计者巧妙地将寄畅园的假山设计成惠山的余脉，假山最高处不过4.5米，但因离视点近，惠山为远景，在视觉上二者是浑然一体的，这样在游人观赏近处的假山和远处的惠山的时候，一时竟有难分真假的错觉，达到了"山在园中、园在山中"的艺术效果。同时，水池如同一面巨大的镜子，将周围的景色以及远处的惠山倒映水中，极大地丰富了借景的层次。知鱼槛还与水池对面的石矶和鹤步滩互为对景，所以说知鱼槛是一个巧妙而不露痕迹的极佳赏景点。

人文解读：在《庄子·秋水》篇中，记载了战国时庄子和惠子在濠水边经典的哲学对话。庄子曰："鲦鱼出游从容，是鱼乐也。"惠子曰："子非鱼，安知鱼之乐？"庄子曰："子非我，安知我不知鱼之乐？"惠子曰："我非子，固不知子矣；子固非鱼也，子之不知鱼之乐，全矣。"庄子曰："请循其本。子曰'汝安知鱼乐'云者，既已知吾知之而问我。我知之濠上也。"这段对话的原文被制成了楠木屏，悬挂在知鱼槛的墙壁上。亭中又有园主人秦燿的诗《寄畅园二十咏》（其五）"槛外秋水足，策策复堂堂。焉知我非鱼，此乐思蒙庄"，亦取庄子"安知我不知鱼之乐"之意。

| 图 1-99　知鱼槛

1.45　无锡寄畅园郁盘亭

郁盘亭位于寄畅园锦汇漪（寄畅园的池水称锦汇漪）东南角，两侧是长廊（图1-100）。

| 图 1-100　树木掩映下的郁盘亭

【设计解读】

名称解读：亭名来自唐朝朱景玄《唐朝名画录》中描绘王维《辋川图》的句子"山谷郁郁盘盘，云水飞动，意出尘外，怪生笔端"，这里形容曲廊迂回曲折之妙。关于郁盘亭有一个民间传说：清朝惠山寺有位老和尚，棋艺高超，乾隆游惠山时，与老和尚在亭中青石圆台上对弈。乾隆连连得胜，疑是老僧有意相让，遂郁郁不欢，后人就将此圆台取名"郁盘"，亭名取为"郁盘亭"。图1-101为亭中"郁盘"匾额。

景观解读：郁盘亭为六边形攒尖顶亭，两侧的长廊叫郁盘长廊，为秦耀改造园林时所建，嵌着《寄畅园法帖》碑。郁盘亭后的廊墙上有一面八边形的空窗，窗外竹石花木若隐若现（图1-102），形成框景。这里的廊柱较高,使此廊显得通透高敞。在廊内举目四望,锦汇漪对面的风景,以及园外雄伟的惠山也能一览无余。

人文解读:郁盘亭两侧的长廊嵌着《寄畅园法帖》碑,共200方12册,其中6册是御赐秦氏的唐宋间名帖,另6册是秦氏家藏的由宋至清的名家墨宝。亭中青石圆台和石鼓凳是明代遗留下来的秦氏旧物。

图1-101 "郁盘"匾额

图1-102 郁盘亭窗外若隐若现的花木

1.46　上海古猗园白鹤亭

白鹤亭（图1-103）是古猗园中最古老的名胜建筑之一，根据古代"白鹤南翔"传说而建。

【设计解读】

名称解读：相传梁天监年间，当地人挖到长石，常吸引一对白鹤栖息于此。白鹤祥舞乃佛地之兆，因此天监四年（505年）建佛寺，落成当天白鹤便向南飞去，故题寺名为白鹤南翔寺，此地也因寺成镇，取名南翔镇。

景观解读：白鹤亭亭基为梅花形，亭顶为少见的五边形，五角高翘似孔雀开屏状。宝顶成五方宝石形，雕刻精美，尖顶有一只欲展翅南飞的白鹤，引颈伸尾，双翅拍击，凌空欲飞。

人文解读：白鹤亭抱柱联"欲问鹤何去，且看春满园"，旁碧池中竖有一块高大的石碑，石碑上刻诗一首："白鹤南翔去不归，唯留真迹在名基。可怜后代空王子，不绝薰修享二时。"

|图 1-103　白鹤亭

1.47 上海古猗园荷风竹露亭

荷风竹露亭位于古猗园青清园里，亭前接水，亭后绿竹。

【设计解读】

名称解读：荷风竹露亭取唐孟浩然《夏日南亭怀辛大》诗句"荷风送香气，竹露滴清响"，亭临水而沐荷风，亭外修竹茂盛而享竹露，名副其实。

景观解读：荷风竹露亭为卷棚歇山顶，朱红亭柱，白墙黛瓦，竹丛掩映（图1-104），轻灵秀丽，面向水面三面有吴王靠。坐于其中，水面的清风徐来，又有厚重宽阔的亭盖挡住夏日灼热的阳光，清凉宜人，正是"竹露荷风"的意境。背向水面一面为墙，其上洞门和空窗，皆能形成美丽框景。

人文解读：荷风竹露亭有楹联"一亭俯流水，万竹引清风"（图1-105）最是能概括古猗园的特色。

图1-104 荷风竹露亭

图1-105 荷风竹露亭楹联

1.48　上海古猗园缺角亭

　　缺角亭位于古猗园竹枝山顶，是古猗园内很重要的一处建筑，早在1999年12月就被公布为嘉定区文物保护单位。

【设计解读】

　　名称解读：缺角亭（图1-106）又名补阙亭，是上海著名的爱国主义纪念地。抗日战争时期，东北三省沦陷后，当地爱国人士修该亭时独缺一角以志国耻。取名补阙亭，寓意待东北三省收复后补塑东北一角，象征着我国反侵略的民族之魂。

　　景观解读：缺角亭飞翼凌空，天花上绘有九条龙代表当时的东北。其建筑格调也颇别致，四根红漆巨柱，擎起几何形的拱顶，线条流畅，气韵生动，整个建筑款式玲珑，高壮华丽。建亭时特少东北一角，其他三个方向的亭角均塑造成紧握着的铁拳振臂高呼状，以示日寇占我东北三省，全国人民举拳抗议，时时铭记于怀。

|图1-106　缺角亭

人文解读：缺角亭为1931年"九一八"事变后，当地爱国志士朱寿明、陈少芸等六十人带头集资修建。两边抱柱联为"居安思危励精图治，盘游有度好乐无荒"（图1-107）。此联原是民国著名将领李烈钧为南京玄武湖览胜楼题写的。李烈钧之子、辛亥元老李赣驹先生七十岁来园时，感怀于缺角亭背后的爱国故事，提笔书写了其父生前创作的这副对联。下联核心词"盘游"出自《尚书·五子之歌》，"好乐无荒"出自《诗经》，此处用以主张游乐适度，不废政事。亭中有如此爱国主题明确而又激励奋发的一副对联，意义深远。

图1-107　缺角亭对联

贰

廊

"廊者，庑出一步也"（《园冶》），廊一般指有覆盖的通道。文人园林大多以山水为中心，建筑多沿水面周边布置，将建筑串联起来，布置在两个建筑物或观赏点之间，起着联系单体建筑、划分空间、组织游览路线等作用。同时，沿廊赏景，晴挡日晒，阴遮风雨，使游园活动不受天气限制。

廊的类型多样，清朝李斗《扬州画舫录》中列举说："板上甃砖，谓之响廊；随势曲折，谓之游廊；愈折愈曲，谓之曲廊；不曲者修廊；相向者对廊；通往来者走廊；容徘徊者步廊；入竹为竹廊；近水为水廊。"在园林中常常通过游廊的回绕，组成通透活泼的廊院，也经常利用廊的曲折围合出小巧的袖珍园。

根据建筑形式，廊可分为双面空廊、单面空廊、复廊、复道等。双面空廊两面都有廊柱支撑，视线通透，游人在其中可饱览两面的不同景色。单面空廊则一面为廊柱，另一面为墙，墙上大多设空窗或漏窗，使墙外一侧景物若隐若现，故又称透花廊，可从空窗、漏窗窥见墙外的景色，形成框景、漏景。复廊是中间为墙分隔两边，墙两边两座单面廊并置，墙上有漏窗或空窗，可划分景区，同时又联系廊两侧的空间。复道为上下两层廊，又称双层廊，可联系不同高度上的建筑或景观。

根据廊的走向又分为直廊、曲廊、爬山廊、回廊等。园林中的廊实际上是一条带屋顶的路，当游览古代园林时，廊就是无声的导游，引领着游人信步向前。在廊的前进方向上，曲廊会有平面的曲折，爬山廊会有立面的高低变化，人们在曲折穿行和上下行进的过程中，体会到步移景异的景色变化。造园匠师们总是巧妙地把重要的景点设置于曲折处或上下的关键点，而廊这种建筑形式，则将这些分散的景点串成珠链，因而人们在廊中游览就会看到一幕又一幕的连续景色，体验一次又一次视觉上的惊喜。回廊则形成四合之势，将人的视线引向庭院中间，因此在视线焦点处是必然要布置主景的。

结合地段特点，依形就势巧妙地安置曲廊、回廊、爬山廊，就能做到虚实相济，分隔出尺度不一、形态各异的景区空间，取得空间的大小、明暗、虚实、开合的对比变化，形成层次丰富的空间效果。

2.1 苏州拙政园小飞虹

小飞虹（图2-1）位于拙政园小沧浪水院之北，横跨水上。

【设计解读】

名称解读：拱桥自古有飞虹的美称，南朝宋文学家鲍照有"飞虹眺秦河，泛雾弄轻弦"之句。小飞虹朱红色桥栏和与之平行的弧形廊顶倒映水中，宛若飞虹，故而得名。

景观解读：小飞虹是苏州园林中极为少见的廊桥，具有较高的文物及观赏价值。桥长8.06米，宽1.48米，为三跨石梁，中间一跨为平面，两边两跨为斜面，从而使其立面略呈八字，三间八柱，朱漆栏杆，以廊屋覆盖，弧形灰瓦卷棚顶，造型空灵美观，是拙政园的著名景点之一。从功能上而言，小飞虹将其两端的长廊连接起来，使游人能正常通行，同时廊桥在满足这种水上通行功能的基础上，通过增加顶盖而成为游廊在水面上的一种延续，使得园中的游览不受天气的影响，更有了人性化的特点。小飞虹横跨小溪，丰富了水体景观，增添了廊桥两侧的景观层次。以小飞虹为界，其南部为小沧浪水院，北部为山池景区。小沧浪水院中的廊和小飞虹桥廊形成景观上的呼应与延续，使整个水院浑然一体。小沧浪水院的小水面通过廊桥与大水池隔开，但廊桥空透的桥身使两侧的水面隔而不断，所以小飞虹作为小沧浪水院的北边界，实为"虚隔"。在小沧浪凭栏北望，透过小飞虹，可以遥见荷风四面亭和见山楼，其后还有远景隐约可见。小飞虹空透的桥身此时又构成了画框，使两侧的景物互相因借，构成框景。无论是在桥的哪一个角度，都能欣赏到完美的风景，此景是造园理论的应用佳例。

人文解读：其题匾悬于东边进口处，为当代著名书法家曾耕西所书。明文徵明《拙政园三十一景图》描写小飞虹"雌蜺鲢蜷饮洪河，落日倒影翻晴波。江山沉沉时未雯，何事青龙忽腾骞。知君小试济川才，横绝寒流引飞渡。朱栏光炯摇碧落，杰阁参差隐层雾。我来仿佛踏金鳌，愿挥尘世从琴高。月明悠悠天万里，手把芙蕖照秋水"诗中开篇即描绘了小飞虹的气势，并借景抒情，对隐居故里的园主王献臣表达了惺惺相惜之情。

图 2-1　小飞虹实景

|图 2-2　波形廊

2.2　苏州拙政园波形廊

　　波形廊是拙政园西花园与中花园交界处的一道水廊。

【设计解读】

　　名称解读：波形廊架于水面之上，平面弯转曲折，立面高低起伏，使廊体似有随水波飘荡的动感之美（图2-2），故名波形廊。

　　景观解读：这里原来是一堵水墙，作为中、西两园之间的分界，波形廊与水墙走势基本一致，但时而又稍远离，形成一种若即若离的效果，打破园墙僵直、沉闷的局面。较大的变化有三处：一处在北段，突然出现大幅度转折，把它拉离园墙一段距离，平面突出于水池，立面却又更贴近水面，左右凌空，廊顶变化成亭式卷棚顶，临水处立小石栏柱两根，俗称"钓鱼台"（图2-3）；第二处在波形廊靠近倒影楼的位置，廊的立面走势爬高成桥面状，其下部设一孔水洞，使园的中、西部水系相通，廊体至此也拔高至最高点；第三处位于东侧，廊的平面离开围墙，从而使廊和墙之间形成小隙地，内植芭蕉、配以石笋，组成园林小景。廊墙上有形态各异的漏窗，丰富了墙面景观。

　　人文解读：波形廊为苏州古典园林廊中精品，通过高低、曲折的行进路线将"移步换景"做到了极致，蕴含了古人高超的造园智慧。

图 2-3　波形廊"钓鱼台"和廊下水洞

|图2-4　南廊

2.3　苏州沧浪亭复廊

　　沧浪亭复廊沿水布置，代替院墙，是沧浪亭的一大特色，被誉为苏州古典园林三大名廊之一。

【设计解读】

　　名称解读：墙内墙外均设置走廊，故名复廊。

　　景观解读：复廊南依园内的中央主山（图2-4），北临园外的葑溪（图2-5），中间墙壁上还开有108个图案各异的精美漏窗（图2-6），使园内的葑溪假山透过长廊的漏窗与园外的市井远峰互相因借，复廊平面蜿蜒如带，立面高低起伏。临水而行，隔水面从园外通过这些漏窗，可以看到园内的景色，感受到士大夫文人生活的高雅与闲适，而从园内透过漏窗往外看，可以看到生动的市井风情。院内一侧沿廊布置了观鱼处、御碑亭等景观，打破了长廊单一的线条，丰富了景观层次。这种以廊代墙的开放性格局，在苏州古典园林中是独一无二的，堪称造景佳例。

　　人文解读：沧浪亭借园外葑溪之水，通过复廊的漏窗使之成为沧浪亭不可分割的一部分，使人未进园林，已赏水景，不由得心生向往。因此复廊的构思奇巧，堪称园林设计创作的典范。

图 2-5　北廊

图 2-6　漏窗

93

2.4 苏州留园法帖长廊

留园的长廊贯穿全园,长达600多米,与北京颐和园的长廊齐名,是江南园林中最长的廊。

【设计解读】

名称解读:长廊墙壁上嵌有历代书法名家的书法石刻300多方,被称为"留园法帖"。长廊与法帖互名,为法帖长廊(图2-7)。

景观解读:与颐和园的长廊相比,留园的长廊增加了很多小的曲折,其体量更小,利用单面柱廊的墙壁一侧作法帖展示。而颐和园画廊为双面柱廊,体量较大,以精美的彩绘装饰著称,由此折射出南北园林之异。

长廊如一条线,把全园的几个景区巧妙地串连起来,满园景致,犹如珠链上的明珠。廊壁上除了有法帖的位置,还分布有漏窗,这是江南园林长廊步移景换的经典作法(图2-8)。

人文解读:留园长廊是一条文化走廊。留园法帖目前上墙的有379块,主要是二王(王羲之、王献之父子)法帖、宋贤六十五种、仁聚堂法帖六十四种以及一经堂法帖和宋宗元为网师园主人时的书条石等等。而所谓"宋名贤十家书二卷"如今也已不全,可想而知,留园法帖原本数量更多。

| 图 2-7 法帖长廊

| 图 2-8 法帖长廊实景

2.5 上海秋霞圃觅句廊

觅句廊位于上海嘉定镇秋霞圃凝霞阁东南，环翠轩东侧。

【设计解读】

名称解读：韦庄有诗《题七步廊》"席门无计那残阳，更接檐前七步廊。不羡东都丞相宅，每行吟得好篇章"。此诗描写了诗与廊的微妙关系。觅句廊（图2-9）即觅得好诗佳句之廊，让人似乎看到了文人于此为觅得一句好诗苦思冥想，为一首好诗拍案叫绝的场景。

景观解读：觅句廊为曲廊，卷篷顶，有圆寿瓦当，万字穿花挂落，磨砖坐槛。廊长22.15米、高3.3米，分五折，每折长度不等，自然流畅，非为折而折。

人文解读：秋霞圃内有石刻23方，其中16方分布于觅句廊（图2-10），愈发衬托出觅句廊的文人气息，仿佛所有这些碑刻诗文都是文人们漫步于此廊时觅得。匾额"觅句廊"，为行书体，长1.2米、宽0.39米，悬于觅句廊中，为上海当代著名书法家束长开所题。

图2-9 觅句廊

图2-10 觅句廊碑刻

2.6 苏州网师园射鸭廊

射鸭廊位于网师园水池的东北角，是苏州园林中最小的廊。

【设计解读】

名称解读：射鸭廊取唐代诗人王建"新教内人唯射鸭，长随天子苑东游"诗意而名之。

景观解读：这条短短的射鸭廊为南北走向，北端结束的位置是竹外一枝轩，而竹外一枝轩面南。此廊南连空亭，因空亭的体量大于射鸭廊，所以从竹外一枝轩的水池对岸观看，射鸭廊被空亭遮挡，只有从偏西的位置才可以看到（图2-11）。射鸭廊虽小，但没有它的过渡，竹外一枝轩和空亭的组合则显突兀生硬，有了它，才形成了高低错落、疏密有致的多变艺术效果（图2-12）。

人文解读：射鸭是古代宫苑中的一种游戏，盛行上千年。

| 图 2-11　角落里短短的射鸭廊 | 图 2-12　曲折多变的射鸭廊 |

2.7 苏州怡园复廊

复廊位于怡园的中间,将怡园东、西两园隔开。

【设计解读】

　　名称解读:复廊是由一道墙分割内外两廊的作法。在墙的两侧游览,皆有景可赏。

　　景观解读:苏州怡园的复廊(图2-13),是东西两园的分界线,起到了分隔空间的作用。复廊以东以建筑为主(图2-14);西园以围绕水体的园林景观为主。复廊墙壁上设有漏窗,人行走在廊中,能欣赏两侧景色的同时,还能透过漏窗欣赏到另一侧若隐若现的景物。

　　人文解读:怡园的复廊,与沧浪亭复廊形制相似,但沧浪亭复廊建在园周,怡园复廊建在园内。怡园复廊两侧原来分属两家,后由顾文彬扩建成一园。

图2-13　怡园复廊

图2-14　复廊东侧景观

2.8 苏州耦园筠廊与樨廊

筠廊和樨廊位于耦园城曲草堂两侧，向南延分别与望月亭、吾爱亭相接，两廊互为对景。

【设计解读】

名称解读：如前（见第1.33节）所述，耦园的景物常成对出现，这里筠廊与樨廊为一对。筠廊（图2-15）周围种植竹丛，竹谓之"筠"，故称筠廊，而"筠"与"君"音近，又指代夫君。"樨廊"周围种植桂花，桂花别称木樨，故称樨廊，"樨"音近"妻"，又指代妻子。

| 图 2-15 筠廊外景

景观解读：筠廊、樨廊形制相同，均于廊柱间设磨砖坐槛，万字穿花挂落，廊墙上均有不同图案的漏窗（图2-16、图2-17）。半廊的空灵、宛转和高低起伏，是建筑和地形配合的创造佳例，尤其在城市小面积的造园活动中，除增加了景观的层次感，更能体现小中见大的艺术效果（图2-18）。

绪论
亭
廊
轩
榭
楼
阁
馆
堂
舫

人文解读：筠廊、榉廊谐音"君廊""妻廊"比喻男主人沈秉成和夫人严永华夫妻和睦且地位平等，这一理念也渗透于耦园的每一个角落，使耦园成为著名的"爱情之园"。筠廊中建有半亭，亭壁有清初名家王文治的抡元图碑，上有沈氏夫妇跋文。该碑刻因出自名家之手，其上又有园主夫妇真迹，而显得弥足珍贵。榉廊（图2-18）中也有半亭，半亭墙面有砖刻隶书对联"耦园住佳偶，城曲筑诗城"，横额书"枕波双隐"，意为园主夫妇隐居山林，怡然自乐，为园主沈秉成夫人严永华所撰。

图2-16　筠廊内景

图2-17　榉廊内景

图2-18　榉廊外景

|图2-19 退思园九曲回廊

2.9 吴江退思园九曲回廊

九曲回廊是退思园中围绕水面而建的长廊。

【设计解读】

名称解读：九曲回廊环水池而筑，平面曲折有致、立面高低起伏，故名九曲回廊（图2-19）。

景观解读：九曲回廊将水池周边的临水建筑如闹红一舸、水香榭、退思草堂等连接成富于变化的建筑群，漫步其间，步移而景异，琳琅满目，令人目不暇接，九曲回廊既在园林布局中起串联作用，同时又自成美景，使园林灵动而富有整体感。

人文解读：九曲回廊壁上有九扇漏窗（图2-20）。在长廊壁上设漏窗是江南园林的常规作法，但此廊与众不同，不仅漏窗图案各异，而且窗中央各嵌一字，共九字，连起来组成"清风明月不须一钱买"的诗句。字体采用了"先秦石鼓文"（秦始皇统一文字前的大篆，因刻在石鼓上而得名），被称为退思园"三珍"之一（退思园三珍为"退思草堂"内的《归去来辞》碑拓、"九曲回廊"中的石鼓文、"老人峰"的"灵璧石"）。这句诗取自唐代大诗人李白的诗《襄阳歌》，歌颂大自然以美景对人的无私馈赠，与沧浪亭中的"清风明月本无价，近水远山皆有情"有异曲同工之妙。这种将诗句制作于漏窗上的作法，在苏州园林中仅此一例。

|图2-20 九曲回廊的漏窗

2.10 上海豫园积玉水廊

积玉水廊位于豫园玉华堂东、听涛阁西面，临曲池。

【设计解读】

名称解读：积玉水廊（图2-21）因廊旁有一立石"积玉峰"，同时又筑于水上，因而得名。

景观解读：积玉水廊北起会景楼东，南达涵碧楼，几乎与围墙平行，前半段筑于岸上，后半部架于水上（图2-22），长达百米。

人文解读：廊内北端东侧墙上有《八仙过海》砖雕。

图2-21　积玉水廊

图2-22　凌驾于水上的积玉水廊

叁

轩

轩，原指古时一种前顶较高且有帷幕的车。《园冶》曰："轩式类车，取轩轩欲举之意，宜置高敞，以助胜则称。"轩多为高而敞开的建筑，体量不大，在古代园林中，轩的作用和亭子一样，是一种点缀性的建筑。轩的形式多样，但是一般有一个共同特点——轩举高敞，即空间畅豁、气息流通，便于观赏胜景、夏季纳凉。用轩梁架桁，以承屋面，适宜建于高旷、幽静之处。

中国古典园林中称"轩"的有两种：一种是用于观景的单体小型建筑；另一种是建筑构造上的专用名词，为江南园林所独有，即厅堂前带卷棚的部分。作为观景建筑的轩，大多置于高敞临水之处，外形轻巧、雅致。

3.1 苏州拙政园听雨轩

听雨轩是拙政园一个独立小院中的主体建筑，在嘉实亭之东（图3-1）。

【设计解读】

名称解读：在文人园林中，以"听雨"为名的建筑很多，因为自古以来"听雨"就是一项极富诗意的文人雅事，是与大自然密切接触、领悟世间真谛的良机，所以也有很多与听雨有关的诗作传世，如晚唐诗人李商隐"秋阴不散霜飞晚，留得枯荷听雨声"，陆游"小楼一夜听春雨，深巷明朝卖杏花"，苏轼有"南来不觉岁峥嵘，坐拨寒灰听雨声"。文人园林于院内栽植芭蕉、荷等大叶植物，能夸大雨声，渲染听雨的意境。

景观解读：听雨轩是一座三开间单檐卷棚歇山顶小轩（图3-2），两侧连着游廊。轩前池中植荷，池边轩后均栽植芭蕉，每逢雨天，雨点滴落在荷叶、芭蕉叶上，自然表现出听雨的主题。小庭四周以围廊相绕，看似封闭，其实处处畅通，沿复廊向北，便是海棠春坞。

人文解读：听雨轩的美，在意境，于此轩中，恰逢雨天，窗外雨打芭蕉，自会勾起人无限的遐思。池中雨声、竹之雨声、荷之雨声、芭蕉之雨声，组成了一首美妙的交响乐，让人的心瞬间安静下来，被这雨声润泽净化。伴雨声写作，自能文思泉涌、妙笔生花，更是文人的一大乐事。

图3-1 听雨轩实景

图3-2 听雨轩3D模型背面视角（作者自绘

3.2 苏州拙政园倚玉轩

倚玉轩又称南轩，位于拙政园远香堂西侧。

【设计解读】

名称解读：倚玉轩其中的"玉"是指竹子，倚玉轩意为倚着竹丛的轩。人们习惯把竹喻为碧玉，"万竿戛玉"，用敲击玉片的清脆声响，形容竹丛摇曳时发出的声音。

景观解读：倚玉轩为卷棚歇山顶三开间小轩（图3-3），曲线优美，歇山山花探入水面，四周带廊，外柱间有吴王靠。倚玉轩主向朝西，为方便赏景，除西向主门外，南向、东向的轩廊上也设有出入口（图3-4）。北面有平桥，连接荷风四面亭；南面有游廊，可达小飞虹廊桥；旱船香洲在水池西面与倚玉轩隔水相望。倚玉轩、荷风四面亭和香洲形成三足鼎立的构图，三者均可作为赏荷之所。

人文解读：倚玉轩隶书匾额"静观自得"，出自宋朝程颢《秋日》诗"万物静观皆自得，四时佳兴与人同"。其上款署"光绪甲申年嘉平月吉"（光绪甲申年为1884年），下款署"德清俞樾书"。倚玉轩侧门篆书对联"睡鸭炉温旧梦，回鸾笺录新诗"。西廊柱对联"从北道来游，花月留题，寄闲情在二千里外；占东吴名胜，亭台依旧，话往事于三百年前"。文徵明《拙政园三十一景图》咏倚玉轩："倚楹碧玉万竿长，更割昆山片玉苍。如到王家堂上看，春风触目总琳琅。"

| 图 3-3 倚玉轩 | 图 3-4 倚玉轩东面出口 |

3.3 苏州拙政园小沧浪

　　小沧浪是小沧浪水院的主体建筑，正对水面，横向的体量平展，显得朴素平稳（图3-5）。

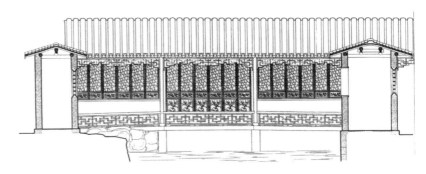

| 图 3-5　小沧浪立面图（引自《苏州古典园林营造录》）

【设计解读】

　　名称解读：与其他以"沧浪"命名的园林建筑一样，小沧浪借《孟子·离娄》中"沧浪之水清兮，可以濯吾缨；沧浪之水浊兮，可以濯吾足"的语意，有渔隐之意。

　　景观解读：小沧浪为三开间硬山屋顶，架于水面之上（图3-6），两面临水，从这个意义上说，也类似一座屋桥。由小沧浪向北望，正面是小飞虹，左面是得真亭，右面是松风亭，四者之间有廊相连，围合成小沧浪水院，使水面具有了丰富的层次感。小沧浪和小飞虹，都是架空于水面之上，形成协调之美。水面隔而不断，形成虚隔，有虚实相生之美。同时二者又有很大的不同，从平面上看，二者不完全平行，且一直一曲，一个如带横水上，一个如虹影跨波。

　　人文解读：文徵明《拙政园三十一景图》咏小沧浪："偶傍沧浪构小亭，依然绿水绕虚楹。岂无风月供垂钓，亦有儿童唱濯缨。满地江湖聊寄兴，百年鱼鸟已忘情。舜钦已矣杜陵远，一段幽踪谁与争。"

图 3-6　小沧浪实景

3.4 苏州留园闻木樨香轩

闻木樨香轩位于留园中部最高处，登临可俯视全园景色（图3-7），它在中心水池西侧。

【设计解读】

名称解读：木樨即指桂花，因闻桂香悟禅道的禅宗公案故事而得名，闻木樨香轩，即闻桂香而悟禅之轩。曾用名"桂馨阁""餐秀轩"，盛氏为园主时改为今名。

景观解读：闻木樨香轩为单檐歇山三开间方形小轩，三面设坐槛。轩两侧顺依山势而设的爬山廊在此达最高点，此轩则建于最高点。小轩周围植桂，丹桂飘香时节，赏月闻香，思考着人生哲理，更能体会此轩的意境。

人文解读："闻木樨香轩"匾额（图3-8）为苏州当代书法家郑定忠书。据《罗湖野录》记载："黄鲁直从晦堂和尚游时，暑退凉生，秋香满院。晦堂曰：'闻木樨香乎？'鲁直曰：'闻。'晦堂曰：'香乎？'鲁直欣然领解。"此处说的是晦堂和尚启发黄庭坚悟道的故事，佛法就如同木樨花香一样，无处不在，不因人是否刻意追寻而存在或消亡，后常以"木樨香"为佛法典故。此处桂树丛生，山石掩映（图3-9），与轩名呼应。即使是现代人坐于轩中，闻着桂花的香气，看着爬山廊中来往的人群，也是会生出一些感悟吧。一处好景，能引发人的思考，不同的人会有千般不同的感触，这正是园林的妙处所在。轩外两旁柱上有楹联"奇石尽含千古秀，桂花香动万山秋"。上联取自唐朝罗邺的诗《费拾遗书堂》"怪石尽含千古秀，奇花多吐四时芳"，下联取明朝谢榛《中秋宴集》诗句"江汉先翻千里雪，桂花香动万山秋"。联语对仗工整，富有韵律美，生动贴切。

图 3-7　坐落于高处的闻木樨香轩

图 3-8　闻木樨香轩匾额

图 3-9　闻木樨香轩侧面实景

3.5 苏州留园揖峰轩

揖峰轩（图3-10）是留园揖峰轩小院（又名石林小院）的主体建筑，位于五峰仙馆东。

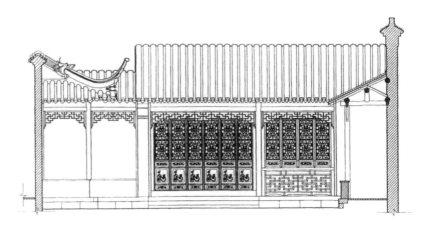

图3-10　揖峰轩正立面图（引自《苏州古典园林营造录》）

【设计解读】

名称解读：留园主人爱石，五峰仙馆、揖峰轩都是以石命名。揖峰轩取宋代朱熹《游百丈山记》中"前揖芦山，一峰独秀出"之句而命名。揖峰又为拜石之意，使人联想到米芾拜石的典故。

景观解读：揖峰轩小院为留园一处相对封闭的小院，面积仅500平方米，以揖峰轩为主体建筑（图3-11），四周为回廊。庭院中立湖石，合"揖峰"意境。北面揖峰轩粉墙上的窗框，将庭院中自然排布的湖石和翠竹碧草组成框景，类似一幅写意画，充满诗情画意（图3-12）。

人文解读："石林小院"砖额，意为聚石成林，为观赏湖石所建的小院。据园主刘恕的《石林小院说》，清嘉庆十二年，刘恕得"晚翠峰"后，"筑书馆以宠异之"，即指揖峰轩，点明揖峰轩为园主读书之所。后又陆续得到独秀峰、段锦峰、竞爽峰、迎辉峰和拂云石、苍鳞石，"石能侈我之观，亦能惕我之心"，可见刘恕视石为知己，通过赏石陶冶性情，参悟人生哲理。文人爱石、友石、赏石，由来已久，唐朝大诗人白居易就曾作《太湖石记》一文和《太湖石》一诗，足以说明其爱石之情。北宋大书法家、赏石家米芾将湖石的欣赏标准归纳为"透、漏、瘦、皱"，可以说是赏石理论的奠基人，"米芾拜石"的故事将米芾对于石的痴迷描绘到了极致。揖峰轩楹联"蝶欲试花犹护粉，莺初学啭尚羞簧"。此联原为郑板桥所作，失窃后由园林美工吴溱补书。

图 3-11 揖峰轩小院
3D 示意图（作者自绘）

图 3-12 充满画意的
揖峰轩小院

3.6　苏州沧浪亭面水轩

面水轩西与曲廊相接，轩北和轩东临水，南面为假山。

【设计解读】

名称解读：此处原为观鱼处，同治年间改为面水轩，轩名取自唐杜甫诗《怀锦水居止二首》中的诗句"层轩皆面水，老树饱经霜"。

景观解读：面水轩是一座单檐歇山卷棚顶四面厅，轩西与曲廊相接（图3-13），作为与复廊衔接的过渡。轩周围树木四合，幽静安适。轩北和轩东临水（图3-14），轩底座被湖石堆叠遮挡，轩外有复廊。

人文解读：门前悬挂"面水轩"匾额。外廊柱上有篆书楹联"短艇得鱼撑月去，小轩临水为花开"。上联写景，设想奇特，意境清幽。短艇即小舟，在文人笔下，往往与隐逸有关。门前还有一副龙门联"徙倚水云乡，拜长史新祠，犹为羁臣留胜迹；品评风月价，吟庐陵旧什，恍闻孺子发清歌"。室内另悬匾"陆舟水屋"，为旱船之意，点明了面水轩的环境特征。

| 图3-13　面水轩　　　　　　　　　　 | 图3-14　临水而立的面水轩

3.7 苏州网师园小山丛桂轩

小山丛桂轩是从网师园前门入园游览的第一个景点，在中心水池的南岸。

【设计解读】

名称解读：小山丛桂轩，又名道古轩，取《楚辞·小山招隐》句"桂树丛生山之阿"和魏晋南北朝时期庾信《枯树赋》："小山则丛桂留人，扶风则长松系马"句意为名。

景观解读：小山丛桂轩是网师园主要建筑之一，为单檐歇山卷棚顶四面厅。轩东南有网师园以小巧著称的拱桥引静桥。轩南庭院堆有太湖石（图3-15），轩北在水池和轩之间堆有黄石（图3-16），湖石假山和黄石假山一个柔美玲珑，一个硬朗古拙，使小山丛桂轩有了被包围在深山中的感觉，轩前轩后广植桂花，入秋桂子飘香，引人前来赏秋色、品香茗。

人文解读：因为小山丛桂轩是从前门入园游览的第一个景点，用"小山则丛桂留人"之句，表达迎接或款留宾客赏景之意。

图 3-15　轩南湖石

图 3-16　轩北黄石

3.8 苏州网师园竹外一枝轩

竹外一枝轩处于网师园中心水池的北岸，临水而筑。

【设计解读】

名称解读：竹外一枝轩取宋代苏轼《和秦太虚梅花》诗中"江头千树春欲暗，竹外一枝斜更好"诗意而名，实际是"竹外一枝梅"轩的意思。

景观解读：竹外一枝轩为卷棚硬山屋顶，坐北朝南，三开间，临水面有坐槛，上设吴王靠，远望似一叶小舟（图3-17）。它是一座似轩非轩、似廊非廊的建筑，前部开敞，立柱支撑，后部为墙，墙上开圆洞门和矩形窗，西墙上也开设空窗，均可外望美景，组成框景。北望可看到轩后集虚斋前的竹丛入画框，西望是垂丝海棠入画框。东墙上有两方精美砖雕。轩外池岸畔植梅花（图3-18），为点景之作。在轩内隔池远望，可见园中第一黄石山景。

人文解读：轩额为"赏梅花"，紧扣"竹外一枝轩"主题，即苏轼《和秦太虚梅花》的诗意。在竹外一枝轩和集虚斋之间栽有竹丛，轩前池畔栽有梅花，便有了"竹外一枝梅"的意境。抱柱有联"护研小屏山缥缈，摇风团扇月婵娟"，引陆游《夏日感旧》诗句，将文人偏爱的明月引入联中，将团扇比作明月，无论月圆月缺，心中总有那一轮明月。

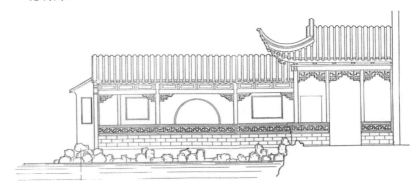

| 图3-17 竹外一枝轩南立面图（引自《苏州古典园林营造录》）

图 3-18　竹外一枝轩实景图

3.9 苏州网师园看松读画轩

看松读画轩（图3-19）在网师园中心水池的北岸，在竹外一枝轩的西北方向，二者有廊连接。竹外一枝轩临水，而看松读画轩退后池岸数步。

| 图 3-19 看松读画轩实景图

【设计解读】

名称解读：看松读画轩南花坛中曾栽植有黑松、桧柏、白皮松，今古柏尚存，相传为南宋时园主史正志手植，至今已历时900多年，为网师园珍贵的活文物。其周围配有树干斑驳的白皮松和苍劲古朴的黑松，形成一幅常青松柏图。古人常将松柏并称，轩名即由古松柏而得。加之"读画"一词，渲染出诗情画意。在这里既是"读画"，更是"看松"赏天然画本。

景观解读：看松读画轩为硬山屋顶，砖砌墙面。轩南有黄石牡丹花坛，临池置有石矶，水面上架设平曲桥，过桥可到月到风来亭。由

绪论

亭

廊

轩

榭

楼

阁

馆

堂

舫

于轩体量较大，退离池岸可避免景观上产生逼压水池之感。轩内的家具一律为明式风格，由红木制成，造型简洁大方，色泽素雅。一踏进轩中，便有一种古雅恬静的韵味。

人文解读：轩中挂"看松读画轩"匾额，下有对联"满地绿阴飞燕子，一帘晴雪卷梅花"（图3-20）。还有一副回文联"风风雨雨，暖暖寒寒，处处寻寻觅觅；莺莺燕燕，花花叶叶，卿卿暮暮朝朝"，顺读、反读都合韵律，高超的文字功底自然渗透在园林中，是文人园林的一大特点。

图 3-20 看松读画轩匾额及对联

3.10 苏州狮子林指柏轩

指柏轩全名是"揖峰指柏轩",为两层楼建筑(图3-21)。

【设计解读】

名称解读:因狮子林最初是元代天如禅师为纪念老师中峰和尚而建,所以其中的建筑大多与佛教典故有关。指柏轩之名来自"赵州指柏"的典故。一僧问赵州禅师达摩祖师西来之意,赵州禅师以"庭前柏树子"一语作答,启发提问者去自悟达摩祖师所传的禅理。后指柏轩名前加上"揖峰"二字,借米芾拜石的典故,则无论是庭前柏树、还是柏下峰石,都有了禅意。

景观解读:指柏轩为双层重檐楼阁式建筑,四周有围廊,面对体量高大的假山群,山上有古柏数株,其中包括天如禅师建园时的庭前柏"腾蛟"。

人文解读:明朝王彝《狮子林十四首》(其十一)"行道出深树,空庭秋飒然。风来人不见,青子落僧前"。此诗描写了指柏轩佛禅之意境。指柏轩内有横额"揖峰指柏"(图3-22),款署"戊辰六月王同愈书,时年七十四"。王同愈为晚清著名学者。匾额下方为《寿柏图》国画,由当代著名书画家张辛稼、费新我、徐绍青等联合绘制。

|图 3-21 指柏轩

|图 3-22 "揖峰指柏"匾

3.11 吴江退思园菰雨生凉轩

菰雨生凉轩位于退思园水池东南，贴水而筑，是一处临水小轩。

【设计解读】

名称解读："菰雨生凉"四字取宋朝姜夔词《念奴娇·闹红一舸》"翠叶吹凉，玉容销酒，更洒菰蒲雨"句意。

景观解读：退思园景点众多，其中天桥、揽胜阁和菰雨生凉轩合称"三绝"。菰雨生凉轩面水一面未设平台，窗外即为水面，更强化了亲水特征，增添了凉爽的感觉（图3-23），加上水从轩下流过，风从轩前吹来，更生清凉之意，与轩名意境相合。轩内隔屏正中置大镜一面，镜前设一小榻。镜中映出湖光山色。近观如置身荷塘，满眼水波（图3-24），触手可及。轩南种植芭蕉、棕榈，轩北水中有荷叶、芦苇，均是能增大雨声的植物，若是有雨来，听雨声，又是一层凉意。

人文解读：菰雨生凉轩镜两侧对联"种竹养鱼安乐法，读书织布吉祥声"（图3-25），传说此联是当年朝中大臣彭玉麟对园主任兰生的劝诫。

图 3-23 菰雨生凉轩实景

图 3-24 由轩内看园中水景

图 3-25 镜前对联

119

3.12　苏州怡园拜石轩

拜石轩为怡园东部的主要建筑，又名岁寒草庐（图3-26）。

【设计解读】

名称解读：拜石轩名取"米芾拜石"的典故。宋代画家、赏石家米芾爱石成癖，见怪石而拜，故称为"米芾拜石"，据《梁谿漫志》载，北宋米芾"闻有怪石在河壖，莫知其所自来，人以为异而不敢取。公命移置州治，为燕游之玩，石至而惊，遽命设席，拜于庭下曰：'吾欲见石兄二十年矣'"。此典与实物相对照，更显得生动有趣。之所以又名岁寒草庐，是因为轩南庭院中遍植树木，以"岁寒三友"的松、竹、梅为多。

景观解读：拜石轩为三间歇山卷棚顶四面厅建筑，周边围廊，廊柱间有坐槛。轩北庭园中有多座各具特色的景石（图3-27），庭中花街铺地。

人文解读：园主集南宋词人张炎、姜夔词句于此为联"竹边松底，只赠梅花，共结岁寒三益；薛老苔荒，摩掌峭石，恍惚月白千峰"。"御寒茸帽，拂雪金鞭，渐为寻花来去；款语梅边，虚堂松外，几番问竹平安"。此联点出了此处景色的主题。"拜石轩"匾额为园主顾文彬所书（图3-28）。

| 图 3-26　拜石轩

| 图 3-27　拜石轩前景石

| 图 3-28　拜石轩匾额

|图3-29 云墙

3.13 苏州怡园锁绿轩

锁绿轩位于怡园复廊北端。

【设计解读】

名称解读：怡园锁绿轩取意杜甫《哀江头》诗"江头宫殿锁千门，细柳新蒲为谁绿"句。

景观解读：锁绿轩左侧一道白色的云墙挡住视线，将树木丛林锁于轩外，形成"锁绿"之势（图3-29）。锁绿轩为歇山卷棚顶建筑（图3-30）。

人文解读："锁绿轩"匾额为祝枝山所写，匾上有"允明"二字（图3-31）。祝允明为明代书法家，号枝山。

|图 3-30 锁绿轩

|图 3-31 "锁绿轩"匾额

3.14 苏州怡园锄月轩

锄月轩位于怡园西部，是怡园内体量最大的建筑藕香榭的南厅（图3-32）。

| 图3-32 藕香榭锄月轩

【设计解读】

  名称解读：厅南植几十株梅花，取元朝萨都剌"今日归来如作梦，自锄明月种梅花"诗意，遂命名为"锄月轩"，意为披着月色锄土种梅之轩。

  景观解读：藕香榭为歇山灰瓦屋顶，为四面厅形式。北面主厅悬藕香榭匾额，厅北池中植睡莲，夏风吹过，清香四溢，故称藕香榭，又名"荷花厅"；南厅称为锄月轩，厅南植梅花，故又名"梅花厅"。

  人文解读：厅中悬"梅花厅事"匾额（图3-33）为当代书法家许宝骧补书。额下为《怡园记》。宋朝刘翰有《种梅》诗"惆怅后庭风味薄，自锄明月种梅花"，元代萨都剌有"今日归来如作梦，自锄明月种梅花"句，都取东晋陶渊明《归园田居》诗中"晨兴理荒秽，带月荷锄归"恬静安宁的意境。锄月轩对联"古今兴废几池台，往日繁华，烟云忽过，这般庭院，风月新收，人事底亏全，趁兹美景良辰，且安排剪竹寻泉，看花索句；从来天地一梯米，渔樵故里，白发归耕，湖海平生，苍颜照影，我志在寥阔，如此朝吟暮醉，又何知冰蚕语热，火鼠论寒"。这副集句长联主要取自辛弃疾的《水调歌头·木末翠楼出》《沁园春·有美人兮》《水龙吟·稼轩何必长贫》《水调歌头·我志在寥阔》和《哨遍·秋水观》等词，抒发了世事无常的感慨，和归耕田园、泛舟江湖的归隐之意。

图 3-33 "梅花厅事"匾额

3.15　杭州郭庄两宜轩

两宜轩位于郭庄前宅静必居和后宅一镜天开的中间,横贯东西。

【设计解读】

名称解读:轩名取自苏轼《饮湖上初晴后雨》诗"水光潋滟晴方好,山色空濛雨亦奇。欲把西湖比西子,淡妆浓抹总相宜"句意。

景观解读:两宜轩将池水苏池一分为二,南为浣池,北为镜湖。主体建筑为长方形,轩北中间有一个凸起的近圆形多边形半亭(图3-34),轩南中间也有突出的方形小轩,这样的设计打破了两宜轩的单调之感,但又不改变其端庄之美。墙体为白色,并有花线装饰。轩内门、窗以及木构件均雕瓶花图案,雕工精美。向南可见池岸的假山叠石错落参差,水池周围分布着亭台楼阁。向北可见水面开阔,与轩南景色形成虚实的对比与疏密的互补。两宜轩与香雪分春堂互为对景,站在香雪分春堂对面的圆洞门前,两宜轩入画,形成框景(图3-35)。

人文解读:轩内对联"袅袅炊烟皱细雨,柔柔浅草蘸寒烟"为当代书法家马世晓所书,语出清朝戴熙的《春山烟雨图》。北面正中前檐下"苏池"匾额,为当代造园大师陈从周所书。

图3-34　轩北中间近圆形半亭　　　　　图3-35　两宜轩

3.16 上海豫园两宜轩

两宜轩为豫园万花楼景区的景点之一，位于复廊南侧。

【设计解读】

名称解读：两宜轩前有水池和假山，游人位于此轩，有古人"观山观水两相宜"的情趣，故名两宜轩。

景观解读：两宜轩位于豫园复廊东端，体型小巧，更像是一个小暖亭（图3-36）。北面有建筑名亦舫，形状如古代的船舫。

人文解读：轩内对联"闲看秋水心无事，静得天和兴自浓"突出了"闲"和"静"（图3-37），与之小巧的体量和相对幽闭的空间共同塑造了静雅的气质。

图 3-36 两宜轩

图 3-37 两宜轩内对联

3.17　上海豫园九狮轩

九狮轩位于豫园会景楼西北，为1959年修缮豫园时所建。

【设计解读】

名称解读：九狮即"救世"之谐音。

景观解读：九狮轩是卷棚歇山顶，四周有廊，面临大池（图3-38），
轩西有一片杉树，高耸挺拔，与轩东的茂林修竹呼应，从轩对面观看，
因水面并不宽阔，两侧高耸的植物使视线端点的九狮轩形成夹景（图
3-39）。九狮轩进深较小（图3-40），
轩前有台，凭栏可观赏池中游鱼荷花。
池南有亭，名流觞亭。

人文解读：据说九狮轩有九个狮
子，其中一个神狮就是九狮轩本身，
九狮轩整个造型就是一个雄狮。

| 图 3-38　九狮轩

| 图 3-39　九狮轩周围植物形成夹景

| 图 3-40　进深较小的九狮轩

3.18　上海古猗园鸢飞鱼跃轩

鸢飞鱼跃轩在古猗园假山小云兜旁，临戏鹅池。

【设计解读】

名称解读：轩名出自《诗经》："鸢飞戾天，鱼跃于渊。"位于此轩，仰头可观飞鸟，俯视可赏游鱼。

景观解读：鸢飞鱼跃轩为歇山顶，造型端庄典雅，面向戏鹅池而立，三面依水，飞檐翘角，装饰精美，平脊两面有四根垂带形成垂脊，脊端置有花篮装饰。轩临岸一面为墙，中间开圆形门，两侧开方形漏窗。临池无墙，只立四根大柱，柱间设吴王靠（图3-41）。凭栏眺望，前面为戏鹅池一泓碧水（图3-42），左前方为小云兜假山，让人联想到古猗园"亭台到处皆临水，屋宇虽多不碍山"的意境。

图3-41　鸢飞鱼跃轩

人文解读："鸢飞鱼跃轩"匾额是南宋理学家朱熹的手笔，是古猗园珍贵的文物之一。鸢飞鱼跃轩洞门两侧抱柱联是由天津书法家李研吾书写的行书体，沪上制砚名家白书章撰。联曰："石径漫步鸟传语，松下小憩花送香。"（图3-43）此联描绘的是万物各得其所后获得的那种安宁美好。

图3-42　鸢飞鱼跃轩环境

图3-43　鸢飞鱼跃轩匾额和抱柱联

3.19　上海秋霞圃碧梧轩

碧梧轩位于秋霞圃桃花潭北，东西分别用廊与枕流漱石轩和延绿轩连接（图3-44）。1922年重建，1981年整修。

| 图3-44　碧梧轩

【设计解读】

名称解读：其名出自杜甫《秋兴》"香稻啄馀鹦鹉粒，碧梧栖老凤凰枝"诗句。此轩亦称山光潭影馆，俗称四面厅。

景观解读：碧梧轩有三楹，南向，长11.85米，宽12.65米，高7.50米，歇山顶，四垂脊瓶花收头，南廊左右二转角处各有两面白墙，墙上有漏窗（图3-45）。厅前有月台，石板铺地，临潭有石栏护围，凭栏眺望，南山景色一览无余。轩周围植桂花、迎春花、芭蕉、青桐等。后厅有小院，厅西有幽雅的碧光亭。该轩建于清镜塘上，有扑向水面之感（图3-46）。

人文解读：原厅内匾额皆毁，现六额：前檐行书额"壶峤长春"为1983年时任国防部长张爱萍书；中楹南向楷书额"静观自得"为1982年南京工学院教授杨廷宝重书；行书额"山光潭影"为1981年全国人大常务委员会副委员长胡厥文重书；中楹北向楷书额"静观自得"为1982年画家沈迈士重书；行书额"碧梧轩"为1982年书法家叶路渊书；北檐篆书额"壶峤长春"为1982年画家王个簃重书。

两壁和屏门上挂有名家书画。轩内置清式红木桌椅、长几，中楹悬松竹石《三清图》木刻画一幅，两侧粉墙亦悬名家书画。轩东侧有古琴形云纹石，长1.64米，宽0.85米，为民国初年修园时所置，石上镌刻的"横琴"两字，由近代书画家赵梦苏书。

图 3-45　转角处漏窗

图 3-46　碧梧轩西侧的碧光亭

129

肆

榭

《园冶》中说："榭者，藉也，藉景而成者也。或水边，或花畔，制亦随态"。由此可见，榭是凭借周围景色而构成，其中临水而建的称水榭，少数建在花间的称花榭，文人园林中多为水榭。榭在功能上多以观景为主，兼可满足社交休息需要。

水榭是一种亲水建筑，文人园林几乎都有水景，一方面是造景的需要，另一方面满足人们的亲水心理。水榭的一部分架在岸上，一部分跨入水中，跨水部分以梁、柱凌空架设于水面之上，临水立面开敞，前设平台，临水一侧一般围绕低平的栏杆，也称水阁。在文人园林中，水榭一般为单体建筑，尺度不大，装修比较精致素雅，面水的一侧是主要的观景方向，常用落地门窗，开敞通透，既可在榭内观景，也可到平台上游憩赏景。

在设计上，水榭除了应满足功能需要外，还要与水面、池岸自然融合，并在体量、风格、装饰等方面与所处园林环境相协调。

水榭的屋顶造型优美，建筑立面多强调水平线条，以取得与水平面景色的协调，有时还与水廊、白墙结合，并设置漏窗，形成平缓而舒朗的景观效果。

榭与周围景观有着密不可分的关系。从观赏的角度讲，从内观赏要能观赏到景色如画；从外欣赏则应以其轻巧的造型取胜，对自然风景起到锦上添花的作用。正如清代施闰章所描述："山水之有亭楼，犹人之高冠长佩也，在补其不足，不得掩其有余。"

水榭作为古典园林中常见的临水建筑，其中体现的空间处理手法和建筑文化内涵都值得借鉴和学习。

4.1 苏州拙政园芙蓉榭

芙蓉榭（图4-1）位于拙政园东部，主厅兰雪堂之北，大荷花池东岸。

|图4-1　芙蓉榭立面图（引自《苏州古典园林营造录》）

【设计解读】

名称解读：小榭面临荷池，水中植荷，荷又名芙蓉，因名芙蓉榭。

景观解读：芙蓉榭为卷棚歇山顶，临水而筑，一半建在岸上，背倚高墙，榭和高墙之间有空地可以通行；一半伸向水面，视野开阔。小榭临水的西面有雕刻的圆光罩，东面为落地罩门，南北两面为漏窗。站在榭中，向南、北、西三个方向外望，都能欣赏由美丽的风景组成的框景或漏景。而从东西两个方向向内望，榭中间一块精巧的太湖石都能被框在其中（图4-2），宛如一幅小品水墨画。

榭前荷池东西长，南北窄，从水榭向前随视线延伸，产生深远的效果（图4-3）。芙蓉榭凌空架于水波之上，底座有立柱支撑，这种凌空的设计形成一种轻盈空透的效果，让人感觉水从榭下穿流，凉爽之意顿生。夏天夜晚，微风袭来，朦胧的画面、淡淡的荷香，颇有苏州园林婉约古雅的意境。加拿大温哥华"逸园"中的水榭,就是参照此榭设计的。

人文解读:芙蓉榭对联"绿香红舞贴水芙蕖增美景,月缕云裁名园阆榭见新姿",款署"丙子仲夏江阴王西野撰,四明周退密书"。联语有序"拙政园素以赏荷称著,芙蓉榭之名,乃文徵明记中题名。文徵明记中说'岸多木芙蓉',因题'芙蓉隈',此仅借用其名"。其中"绿香红舞"即指荷花,语出姜夔词《石湖仙·越调寿石湖居士》。

图 4-2 芙蓉榭圆光罩
与太湖石

图 4-3 芙蓉榭实景

133

4.2　吴江退思园水香榭

　　水香榭位于退思园花园的入口处、水池西岸。

【设计解读】

　　名称解读：水香榭为临水赏荷香之处，故名。

　　景观解读：水香榭底层架空凌于水上，歇山卷棚大戗角，除了有通风和调节光照的功能，还增加了水榭的动感，加之其三面环水的布局、三面开敞的结构（图4-4）、精美的挂落、三面环绕的美人靠，均削弱了建筑的体量感而显得空灵剔透。从水香榭可观眠云亭，眠云亭作为中景，其前景则是伸入水中的湖石石矶，视线后退，一高耸的峰石则变成中景（图4-5），眠云亭和其背后的假山则转换角色成为峰石的背景。水香榭中立隔屏，上嵌长镜（图4-6），镜能反映榭外水景，窥镜而见园，空间感顿觉扩大，是虚实结合的巧妙应用。

　　人文解读：水香榭多处景点与姜夔词《念奴娇·闹红一舸》有关，其中"嫣然摇动，冷香飞上诗句"合水香榭意境。

|图4-4　三面开敞的水香榭

|图4-5　水香榭右侧峰石

|图4-6　水香榭内镜面

4.3 无锡寄畅园先月榭

先月榭（图4-7）在寄畅园锦汇漪南端，前后临水，故又名河亭。

【设计解读】

名称解读：在先月榭中可观月亮从锡山龙光塔旁缓缓升起，又见到水中月亮缓缓出现，天月与水月皆妙，有"近水楼台先得月"之意趣，因而得名。

景观解读：先月榭是寄畅园锦汇漪众多建筑（图4-8）中的一个。先月榭始建于明万历年间，现在的先月榭为2000年重建，面积42平方米，为小三间敞口建筑。南侧临水处设吴王靠（又称美人靠），北侧伸出青石平台，紧贴水面，似漂浮于水上，三面设青石坐栏。身处先月榭，可望知鱼槛和水面收束处的鹤步滩。

人文解读：明代秦燿《寄畅园二十咏》（其十四）云："斜阳堕西岭，芳榭先得月。流连玩清景，忘言坐来夕。"

|图 4-7　先月榭

|图 4-8　建筑众多的锦汇漪

4.4　上海豫园鱼乐榭

鱼乐榭（图4-9）位于豫园万花楼景区，其东有游廊，鱼乐榭挂落和吴王靠的花格与游廊一致。

| 图4-9　鱼乐榭

【设计解读】

名称解读：鱼乐榭之名也源于《庄子·秋水篇》当年庄子与惠子游于濠梁之上的典故，鱼乐榭（图4-10）取名于庄子与惠子之间是否知鱼之乐的辩论，蕴涵着园主人对庄子的仰慕和避世隐逸的心情。

景观解读：鱼乐榭为方形，飞檐翘角，造型美观。在园林空间处理上采取了造园理论中"虚隔"的分隔方法，溪上筑墙，墙上实下虚，墙下为洞门可使水流过，洞中的水将人的视线引导至墙外，将人的想象向更远处延伸。而此墙又是一处障景，故意隐藏了墙后较短的水流空间，利用人对水流流向远方的无尽遐想，将有限的小河之水变成无尽的川流，从而产生"小中见大""芥子纳须弥"的效果。

人文解读：清陶澍为鱼乐榭撰联"此即濠涧，非我非鱼皆乐境；恰来海上，在山在水有遗音"。上联扣鱼乐榭之题，仍出自"濠梁之辩"，下联"恰来海上"，作者于道光五年至十年在上海办理漕运，并治理吴淞江。"在山在水"，语出《列子·汤问》："伯牙善鼓琴，钟子期善听琴，伯牙鼓琴，志在高山。钟子期曰：'善哉，峨峨兮若泰山。'志在流水，钟子期曰：'善哉，洋洋兮若江河。'"后以"高山流水"为知音相识或知音难遇之典。"遗音"在这里指知音，即志同意合的朋友。上联写赏景观鱼、物我两忘之乐，下联写自己遇知音之乐。

图 4-10　鱼乐榭匾额

4.5 苏州沧浪亭藕花水榭

藕花水榭位于沧浪亭西部，为一个同名小景区的主体建筑（图4-11）。

| 图4-11 藕花水榭院落

【设计解读】

名称解读：藕花，即莲花，著名的观赏花卉，又是佛教吉祥宝物之一。文人自古有爱莲风尚，其中以宋周敦颐的《爱莲说》最为著名，歌颂了莲花"出淤泥而不染，濯清涟而不妖"的超凡脱俗的高尚情操，文人多以此自勉。佛教则以出淤泥而不染的莲花象征清净无碍的境界。几乎所有的文人园林中都有一个或多个以莲为名的建筑。

景观解读：藕花水榭北面临水，水中种植荷花，南面为一小庭院，用卵石铺地，花木扶疏，幽静可人。

人文解读："藕花水榭"匾额（图4-12）为晚清书画家张之万撰书。藕花水榭对联之一"散华梦醒论诗客，烧叶人吟读易窗"（图4-13），款署"半个沧浪僧曼翁书"，曼翁，即沙曼翁。上联有佛教典

绪论
亭
廊
轩
榭
楼
阁
馆
堂
舫

故"天女散花"，下联有国学经典《易经》，此联讲的是对儒、道、佛文化兼收并蓄的古代文人，无论对哪个领域的经典都有研究。藕花水榭对联之二"梅花得雪更清妍，落花少护好留香"。上联咏梅花的清妍，下联惜梅花的凋落。梅花以其傲岸的风姿和不与百花争艳的孤高代表不媚俗不争宠的君子形象，从而深受文人赏爱。文人歌咏梅花、赞叹梅花，其实是以梅花自喻，展示自己的傲骨。

图 4-12　藕花水榭匾额

图 4-13　藕花水榭对联

4.6　苏州怡园藕香榭

藕香榭是怡园中最主要的建筑，位于西部水池南，与水池北部假山上的小沧浪互为对景。

【设计解读】

名称解读：藕香，指荷花香气。唐朝大诗人杜甫有"棘树寒云色，茵蔯春藕香"句，元朝郑允端《咏莲》有"本无尘土气，自在水云乡，楚楚净如拭，亭亭生妙香"。

景观解读：藕香榭是怡园的主厅，由藕香榭和梅花厅两部分组成。平面三开间（图4-14），四周有回廊（图4-15），面宽12.8米，进深10.75米。此榭面临荷池，遥对假山、螺髻亭、抱绿湾等一带景色，是园中主要景点。榭前有平台临池，池中原植台莲，红、白相间，花体硕大，颜色绚丽，是夏日赏荷佳处。

人文解读：匾额"藕香榭"为当代著名书法家顾廷龙所书。藕香榭对联之一"流水洗花颜，拥莲媛三千，谁管采菱波狭；紫霄承露掌，倚瑶台十二，犹闻凭袖香留"为咏景集联。六句依次采自宋吴文英的六首词：《望江南·赋画灵照女》《齐天乐·寿荣王夫人》《花心动·郭清华新轩》《水龙吟·寿嗣荣王》《凄凉犯·重台水仙》《声声慢·陪幕中饯孙无怀于郭希道池亭，闰重九前一日》。虽为集句，却不露痕迹，写尽了莲花的高洁不俗。藕香榭对联之二"与古为新杏霭流玉，犹春于绿荏苒在衣"，为怡园主人顾文彬所撰写的集句联。每句均取自唐司空图《诗品二十四则》，用来描写藕香榭前的景色。藕香榭对联之三"水云乡，松菊径，鸥鸟伴，凤凰巢，醉帽吟鞭，烟雨偏宜晴亦好；盘谷序，辋川图，谪仙诗，居士谱，酒群花队，主人起舞客高歌"，联语均集自南宋辛弃疾的词，写的是隐士清雅的生活。

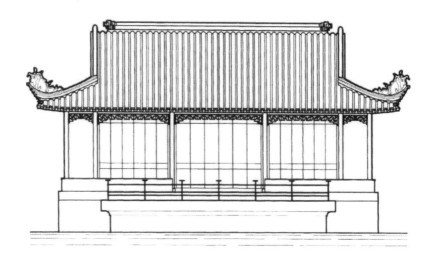

|图 4-14　藕香榭立面图（引自《古典园林营造录》）

|图 4-15　藕香榭 3D 效果图（作者自绘）

伍

楼

楼一般指两层以上的屋子，园林中多为下部架空、底层高悬的建筑。《说文》："楼，重屋也。"《尔雅》："狭而修曲，曰楼。"简言之就是重叠的房屋。由于楼与阁在形制上难以区分，因此，人们有时也常将"楼阁"二字连用。楼、阁，是可登高眺望的建筑形式，其渊源可追溯到上古时的"构木为巢"。

楼的形状一般为四方、六角或八角。最为著名的有岳阳的岳阳楼、武汉的黄鹤楼和南昌的滕王阁，因三者都有与之相关的著名诗文流传，更为闻名，最直接和最耳熟能详的是范仲淹的《岳阳楼记》、崔颢的《黄鹤楼》、王勃的《滕王阁序》。他们不仅留下了千古名篇，而且还使三座名楼扬名古今中外。

楼阁建筑以高耸华美为目标，以登高眺览为目的。王之涣《登鹳雀楼》诗云："欲穷千里目，更上一层楼。"楼阁的作用就在这里。

文人园林中的楼，往往同一建筑上下两层分别命名，上层以"楼"名。两层的功能也明显不同，底层一般待客用，类似厅；二楼一般用作卧室、书房或者观赏风景用。楼在建筑组群中常位于最后一排或左右厢位置。

5.1 苏州拙政园见山楼

见山楼是拙政园中部水池西北角的一座水上楼阁。

【设计解读】

名称解读：见山楼典出陶渊明名句"采菊东篱下，悠然见南山"。上层为见山楼，下层为藕香榭。这种同一建筑上下两层分别命名在文人园林中比较普遍。

景观解读：见山楼为重檐歇山卷棚顶建筑（图5-1），白墙红柱黛瓦，端庄典雅。二楼的窗子为扁长形和合窗，风格古朴而明快。见山楼三面环水，两侧傍山。底层与平曲桥相连，可通过平曲桥进入，登见山楼则需经爬山廊或假山石级。此楼高敞，登楼不仅可以观园景，亦可将园外山色尽收眼底，是借景的典型应用。见山楼虽高，但整体未强调竖向线条，而是尽量压低层高，形成沉稳庄重的效果，与周围的景物构成均衡的图画（图5-2）。

人文解读：当年楼内曾悬楹联"林气映天，竹阴在地；日长若岁，水静于人"，恰如其分地点出了这一景致的意境。南柱楹联"束云归砚匣；裁梦入花心"，款署"郑板桥旧联，八一叟吴进贤书"。上联束云形容楼之高，归砚匣，则说明了此楼为读书写字之处；下联写梦，实际上是描写陶醉于自然美景中的一种心态。

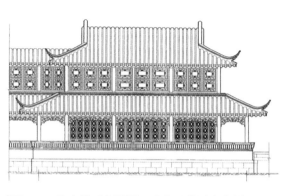

图5-1 见山楼正立面图（引自《苏州古典园林营造录》）

图5-2 见山楼实景

5.2 苏州拙政园倒影楼

倒影楼位于拙政园西园，邻波形廊。

【设计解读】

名称解读：该名取自唐温庭筠"鸟飞天外斜阳尽，人过桥心倒影来"诗句。楼分两层，上层为倒影楼，楼下是拜文揖沈之斋，文是指文徵明，沈是指沈周，均为苏州著名的画家，其中沈周是文徵明的老师，这说明此楼是当年西园园主张履谦为表达自己对文徵明和沈周的景仰之情而建造的。

景观解读：倒影楼为单檐歇山卷棚顶二层建筑（图5-3），是一栋红色木楼，分为上下两层，面水的一侧未设平台，更能表达亲水的特点。临水一面为通透的长窗以便观景，窗内有木质护栏（图5-4）。倚栏外望，左有波形长廊，右有与谁同坐轩，对面和宜两亭互为对景。

人文解读：楼底层的拜文揖沈之斋左右两壁嵌有文徵明、沈周画像和《王氏拙政园记》拓片、清代书法家俞粟庐的《补园记》石刻。倒影楼的中间裙板上还刻有郑板桥的书画真迹。

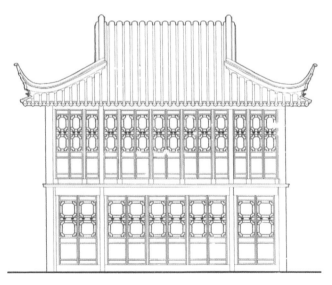

| 图5-3　倒影楼正立面图（引自《苏州古典园林营造录》）

| 图5-4　倒影楼实景

5.3　苏州留园明瑟楼

明瑟楼东北面水，前有平台，西侧紧靠涵碧山房主厅（图5-5）。

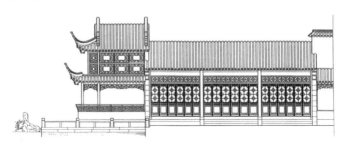

| 图5-5　明瑟楼（左）与涵碧山房（右）立面图（引自《苏州古典园林营造录》）

【设计解读】

　　名称解读：明瑟楼取水经注"池上有客亭，左右楸桐，负日俯仰，目对鱼鸟，水木明瑟"之句而名。明瑟楼位于池上，色彩明快，周围草木丰茂，倒映于一潭碧水中，有水木明瑟之感，故借以为名。

　　景观解读：明瑟楼是一座造型奇巧的重檐二层小楼，一面卷棚歇山顶，一面硬山顶，宽4.45米，进深5.58米，阔二开间，一大一小，充分体现了苏州园林建筑造型和布局灵巧多变的特色。明瑟楼与其西侧的涵碧山房浑然一体，分别似船舫的前舱和中舱（图5-6），共同构成了舟船的造型，是留园中部景区的构图中心。从对岸可亭处看明瑟楼，随着水波荡漾，恍若一艘船从远方缓缓驶来。明瑟楼二楼三面为明瓦半窗，风格明快而古朴。通过楼南太湖石假山蹬道可到二楼，假山蹬道边有一峰石，题"一梯云"。

　　人文解读：明瑟楼底层为敞轩，称"恰杭"，"杭"此处同"航"，取杜甫"野航恰受两三人"之句，点名了两建筑的船舫意向。楼梯面东墙上，有明朝书画家董其昌书"饱云"二字砖匾。

| 图5-6　明瑟楼北与涵碧山房实景

5.4 苏州狮子林见山楼

见山楼在狮子林湖石假山北面，依山而建，建于民国初年。

【设计解读】

名称解读：此见山楼和拙政园的见山楼类似，其名取自陶渊明诗
"采菊东篱下，悠然见南山"，不同的是此处的"南山"是其南侧的湖
石假山。也有一说出自"见山不是山"的典故，即参禅的三重境界：
参禅之初，看山是山，看水是水；禅有悟时，看山不是山，看水不是
水；禅中彻悟，看山仍是山，看水仍是水。因狮子林最初是天如禅师
为纪念老师而建，其中的建筑也大多与佛教典故有关，所以这种说法
似乎更接近"见山楼"命名的来源。

景观解读：见山楼为二层单檐卷棚歇山顶小楼（图5-7），底层
厚重，二层通透。底层以实墙为主，只在四面各开一窗，二层四面皆
为玻璃窗，可坐观叠山之美，见山楼二楼有直接通假山的通道（图
5-8），亦可游赏叠山。

人文解读：看山、听雨、望月、闻香，是江南园林建筑的常见主
题，实际上表达的是道法自然的理念和在山水中自得其乐的意趣。

图 5-7　见山楼

图 5-8　见山楼二楼

147

5.5 苏州网师园撷秀楼

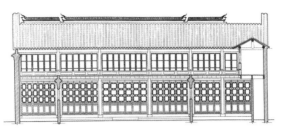

网师园撷秀楼位于大厅（万卷堂）之后，为住宅的后厅。

| 图 5-9 撷秀楼正立面图（引自《苏州古典园林营造录》）

【设计解读】

名称解读："撷秀"的意思，即收取秀色之意，楼上所悬"撷秀楼"匾额有跋："……园中筑楼，凭槛西望，全园在目，即上方浮屠尖亦若在几案间，晋人所谓千崖竞秀者，俱见于此，因此撷秀名楼。"

景观解读：楼厅上下面阔六间：正中三间，东二间，西一间（图5-9）。正中三间院中由白色花墙（图5-10）分隔成单独的天井，于是撷秀楼朝南就形成了三个天井。其屋顶为哺鸡脊，中间三间与两侧单独设置，更突出了中间三间的独立性。两侧为封火山墙，厅前为落地长窗，厅内陈设有清式镶大理石紫檀坑床、坑桌，浮雕紫檀靠椅、茶几等，正中白墙挂大理石挂屏（图5-11）。前院较窄小，对称种植两株桂花，秋高气爽时节，这里桂花飘香，一派和谐温暖景象。后院为小花园，厅西有便门可通花园。

人文解读：楼上所悬"撷秀楼"匾额为清代学者俞樾所题。

| 图 5-10 撷秀楼

| 图 5-11 撷秀楼内景

5.6 吴江退思园坐春望月楼

坐春望月楼位于退思园中庭，是住宅的结尾，也是住宅向花园的过渡。

【设计解读】

名称解读：关于坐春望月楼名称的解读，有两种观点，一种认为坐春是在春暖花开之际，赏春色；望月是在夏秋之夜，邀明月。另一种认为坐春望月是披着春光，在月明之夜登楼望月。如果将坐春望月楼视为退思园四季景致之中的"春"景，那么后一种解读应该是更恰当的。

景观解读：坐春望月楼为中庭的主体建筑，坐北朝南，为主人款待宾客之处，由并排的两座三间楼房连成（图5-12），从楼外看似为整体六开间，进门后可见中间有实墙分隔（图5-13），楼之东西各有隐蔽楼梯。坐春望月楼是退思园四季景观中的春景，其他三季景观为以菰雨生凉轩为代表的夏景，以桂花厅为代表的秋景，以岁寒居为代表的冬景。

楼的东部延伸至花园部分，设一不规则的五角形楼阁，名为揽胜阁。

人文解读：坐春望月楼对联"四时物华常新，花气氤氲，小园犹存当年风貌；五湖烟水相通，池光潋滟，清景可延远近佳客"，此联为复旦大学教授夏炎德所题。

-12 坐春望月楼　　　　　　　　　　|图 5-13 坐春望月楼内景

5.7 苏州耦园听橹楼

听橹楼位于耦园东花园东南角，依外围墙转角而建（图5-14、图5-15）。

【设计解读】

名称解读：听橹楼两面临河，时时能听到橹声，有陆游诗《发丈亭》"参差邻舫一时发，卧听满江柔橹声"的意境。这是绝妙的"声借"，使人想起柳宗元"欸乃一声山水绿"的意境，由此可领略江南水乡的生活特色。

景观解读：听橹楼为重檐楼阁建筑，卷棚歇山顶，戗角处作缠枝花纹瓦饰，山花处塑大鹏展翅图案。楼上北、东、西三面置木格半窗，可分别观赏园内外景色。登上听橹楼，一览楼外美景。听橹楼有一出口，是主人从水路出游的地方。如前所述，耦园建筑常成对出现，此处与听橹楼成对的是魁星阁，一楼一阁由阁道相连，廊道粉墙上有沈、严夫妇的碑刻诗文，夫妇一唱一和的默契跃然墙上。

人文解读：听橹楼一层为便静宧，宧指东北方位，便静宧意为"东北方向的一处悟道清修之所"（图5-16）。

绪论
亭
廊
轩
榭
楼
阁
馆
堂
舫

|图 5-14　听橹楼

|图 5-15　听橹楼侧面

|图 5-16　便静宧内景

5.8 上海豫园快楼

快楼筑于豫园点春堂东南的抱云岩湖石假山之上。

【设计解读】

名称解读： 快楼上下二层（图5-17），上层名快楼，下层名延爽阁。登楼可眺望大假山和豫园全景，使人胸襟畅快，故名快楼。

景观解读： 快楼造型独特，是一座两层重檐卷棚式八角四面亭式建筑，上下层平面形状一致，但底层有围廊。每层檐挑出八个角，每两个为一组，更增添了翩然空灵的气息。远远望去，飞檐参差高翘，飘然若飞。快楼是点春堂景区的制高点，比例得体，装饰精美，充分表现出江南园林建筑之秀美。快楼下湖石假山为抱云岩，玲珑峭拔，洞壑深邃，下临水池。登快楼可西望大假山和豫园全景。下层延爽阁，雕梁画栋，颇为精致。

人文解读： 快楼内有一楹联"曲槛遥通沧海月，虚檐不隔泖峰云"。登此楼，无论是沧海明月，还是九峰三泖，都不远矣。

|图 5-17　快楼

5.9　上海豫园万花楼

万花楼位于豫园西侧北端，两宜轩东。

【设计解读】

名称解读：万花楼明朝时为花神阁。上海地区素有供奉花神的习俗，又传园主人潘允端的孙子生有一女玉娟，死后示现自己已成花神，遂将此建筑命名为花神阁。经鸦片战争、小刀会等事件，此建筑被损毁，后改建西园时此地被称为"万花深处"，道光二十三年（1843年）油饼豆业公所在"万花深处"遗址上建神尺堂，意为"人神仅咫尺却相隔两界"，神尺堂当时主要是祭祀活动和同业议事的场所。1950年后恢复"万花楼"名。

景观解读：万花楼为两层重檐歇山顶建筑，上下两层皆精雕细镂，造型美观。二层为落地长窗，外有通道，木制围栏；底层为半窗，四周有回廊，回廊柱间有木雕镂空挂落，在每两根柱子之间均呈垂幔状，造型精美婉约、特色鲜明。栏板上有木雕作品，刻有八仙所执八种法器，因其不直接出现本尊，故称"暗八仙"。暗八仙是民居建筑常用图案，也叫"道家八宝"，代表"八仙过海各显其能"的万能仙术，同时有吉祥的寓意，是吉祥文化的一种表现形式。楼下四角有带梅、兰、竹、菊图案的漏窗四扇，点出"万花"主题。楼南庭院中有两株古树，右边是银杏树，高达21米，相传为当年园主人亲手所植，树龄达400多年；左边一株是广玉兰，也有近200年的树龄。庭院以南隔水面有湖石假山，假山上遍植花木，葱翠茂盛，有"万花深处"的意境，与万花楼呼应。

人文解读：万花楼上层有对联"桂馥兰芬水流山静，花开柳媚月朗风清"，此两联之间又有对联"春风放胆来梳柳，夜雨瞒人去润花"（图5-18），这是借用郑板桥故居中堂的一副题联。这两副对联皆点出了这一区域以花木为主题的特色。

|图 5-18　万花楼内对联

5.10　上海豫园卷雨楼

卷雨楼位于豫园三穗堂后面，隔荷花池与大假山相望。

【设计解读】

名称解读：楼名取"初唐四杰"之一的王勃所作《滕王阁序》"画栋朝飞南浦云，珠帘暮卷西山雨"之意，烘托雨中登楼隔岸观大假山的意境。卷雨楼的命名也是采用"上楼下堂"的模式，楼上卷雨楼，楼下仰山堂。

景观解读：卷雨楼为曲折双层楼厅式建筑（图5-19），符合豫园建筑平面富于变化的总体特征。下层仰山堂四角，每角有3个翘角；上层卷雨楼四角，每角又有4个翘角，共计28个翘角，如此多的飞檐翘角使得建筑轻盈灵动、翩然欲飞。建筑为五楹，楼上半窗外有通道，并有木栏围护。楼下有回廊，廊柱间有曲槛吴王靠。平台伸入水中，下有立柱支撑，平台下通透中更显建筑的轻盈婉约。池中倒影可鉴，美不胜收。

人文解读：卷雨楼楹联"邻碧上层楼，疏帘卷雨，画槛临风，乐与良朋数晨夕；送青仰灵岫，曲涧闻莺，闲亭放鹤，莫教佳日负春秋"。此联歌颂良辰美景，劝人莫负光阴。卷雨楼的屋顶上有大象背驮万年青的雕塑（图5-20），寓意万象更新、吉祥太平。

图5-19　卷雨楼

图5-20　卷雨楼屋顶"万象更新"

5.11 上海豫园涵碧楼

涵碧楼北接豫园积玉水廊，与听涛阁隔池相望。

【设计解读】

名称解读："涵碧"一词取宋朱熹"一水方涵碧，千林已变红"诗意。因其楼体木构材质均为缅甸上品楠木，故又称楠木雕花楼。

景观解读：涵碧楼为二层建筑，四出抱厦，即中间进深大，两侧进深小，这样的变化使之平面形成了十二个边，类似两个对称的"凸"字在长横端相加，而每个角均有飞檐，从而形成了其飞檐密集的别致造型（图5-21），这也是豫园建筑较为一致的特征。涵碧楼雕花正脊，两侧有鳌鱼装饰，其竖起的尾部使涵碧楼显得典雅、轻盈而有气势。垂脊端部为圆雕人物造型，独特的平面轮廓和精美的装饰，在体现传统江南园林建筑质朴淡雅的同时，又表现出豫园建筑独有的典雅和秀美。

人文解读：涵碧楼梁坊上雕刻了牡丹、梅花、百合、水仙、月季等一百余种花卉图案和四十幅全本《西厢记》故事图案（图5-22），楼中有清代精致的楠木雕花家具，弥足珍贵。涵碧楼北面临水一侧檐下匾额"鸢飞鱼跃"，是悬挂于清代城隍庙的旧物，用于此处，点明了涵碧楼的环境特征。

图 5-21　涵碧楼

图 5-22　涵碧楼楠木雕花

5.12 上海豫园得月楼

得月楼为明代醉月楼遗址，现得月楼是清乾隆二十五年（1760年）以后的建筑。

【设计解读】

名称解读：得月楼得名与无锡寄畅园先月榭类似，也是取自宋代苏麟诗句"近水楼台先得月，向阳花木易为春"。

景观解读：得月楼（图5-23）位于玉华堂、玉玲珑西，两面临水，两面都是近水楼台，在楼上均可俯视荷池中的月色。得月楼有五楹，下层为绮藻堂。

人文解读：布业公所曾在得月楼上建祠堂供奉中国宋末元初著名纺织家黄道婆，后建织亭以表纪念。得月楼有对联"楼高但任云飞过，池小能将月送来"，楼前有"皓月千里"匾额，均点明"得月"主题。楼后檐下又有"海天一览"匾额（图5-24），为宣统年豫园书画善会创始人高邕之题书。

|图 5-23　得月楼

|图 5-24　得月楼的"海天一览"匾额

5.13　上海豫园观涛楼

观涛楼位于豫园静观大厅西南侧，清时为城东最高建筑物，是登高望远的佳处。

【设计解读】

名称解读：昔年"沪城八景"之一的"黄浦秋涛"之景，在此观赏最佳，因而得名。观涛楼又称"小灵台"。

景观解读：观涛楼为三层全木结构，二、三层有外廊，廊柱间有雕花围栏（图5-25）。这种设计既保证了室内的私密性，又能凭栏眺望远景。

人文解读：观涛楼联其一：且欣咫尺窥岩壑，便把清晖就日云（清末姚文枏撰，蒲华书）；其二：山乃华黄以上，仙亦洪浮之流（清·佚名）；其三：别开茶熟香温地，补莳凌霜傲雪花（清末阮元撰，民国简照书）；其四：得好友来如对月，有奇书读胜看花（清·石范）。

|图5-25　观涛楼

157

陆

阁

与楼相似，阁也是高耸的建筑物，登阁可以极目四望，视野开阔、景观旷远。《园冶》中说："阁者，四阿开四牖。汉有麒麟阁，唐有凌烟阁等，皆是式。"汉代麒麟阁是汉武帝为图画功臣十一人而建。凌烟阁为唐太宗仿汉代为图画功臣所建。这里说的"四阿"，就是如今说的四坡顶。《周礼·考工记》中有"四阿重屋"之说，就是指四坡顶重檐屋顶的房子。

阁的显著特点是四面都有窗户，也都有门，四周一般还有环阁的平台和护栏，供人环阁漫步、观景。在早期，阁和楼有区别，后期阁、楼二字互通，并没有太大区别。

人们常用"亭台楼阁"来形容中国建筑类型的丰富，因此阁的形式也很有讲究。

文人园林中以阁命名的建筑，一般体量也不甚大，最多两层，很多甚至只有一层，阁不如楼高敞大气，位于高处和水边的较为多见。

6.1 苏州拙政园留听阁

留听阁位于拙政园的西部，阁东侧池内栽植荷花（图6-1）。

【设计解读】

名称解读：留听阁名取自唐代李商隐的"秋阴不散霜飞晚，留得枯荷听雨声"的诗句。秋日阴雨连绵，无落霞可赏，幸好池中尚留残荷，可聆听雨打枯叶的声响。宋陆游也有《枕上闻急雨》诗"枕上雨声如许寄，残荷丛竹更催诗"。文人诗中的意境再现于拙政园中，池中便有了荷花来应景。

景观解读：留听阁为单层阁，卷棚歇山顶，体型轻巧，四周开窗，视线通透，未设置围廊，临窗便可听雨。东侧池塘中种植荷花，从春到夏，荷花从孕芽、展叶，到孕蕾、开花，每一个阶段都是美的，秋季也有收获莲蓬的喜悦。荷叶遇霜衰败，但若恰逢秋雨，就有了残荷听雨的独特意境。留听阁北又有竹林，雨打竹叶，淅淅沥沥，这些被植物夸大的雨声组成一曲大自然的独特乐章，别有一种冷寂萧瑟、愁怀难叙的诗情，这正是文人园林的魅力所在。留听阁内有清代立体木雕松、竹、梅、鹊飞罩，将"岁寒三友"和"喜鹊登梅"两种图案糅合在一起，雕工精美，是园林飞罩中不可多得的精品。

人文解读：篆书匾额"留听阁"款署"月阶大兄世大人雅属，壬辰夏五月吴大澂"。吴大澂为清代官员、学者、金石学家、书画家。

| 图6-1 留听阁

6.2 苏州拙政园浮翠阁

浮翠阁位于拙政园西花园内假山上，四周有堆砌自然的假山石。

【设计解读】

名称解读：浮翠阁取宋苏轼《华阴寄子由》诗"三峰已过天浮翠，四扇行看日照扉"以名之。浮翠阁为八角形双层建筑，高大气派，又位于西园制高点，因此是赏景佳处。山上林木繁茂，建筑好像浮动于一片苍翠之上，是名副其实的浮翠阁（图6-2）。

景观解读：浮翠阁为双层重檐攒尖顶（图6-3）。其平面为少见的不等边八边形，其长边宽为2.53米，短边宽为1.81米，一层设围栏坐槛。阁之后设双跑楼梯一座，以供上下。登阁眺望，满眼青翠葱茏，生机盎然。

人文解读："浮翠阁"隶书匾额悬挂于二层檐下，款署"己未三月藐翁杨岘"，杨岘为清朝书法家。浮翠阁对联"亭榭高低翠浮远近，鸳鸯卅六春满池塘"，款署"丁丑元月钱仲联撰书时年九十"，钱仲联为当代国学大师、苏州大学教授。

图6-2 浮翠阁

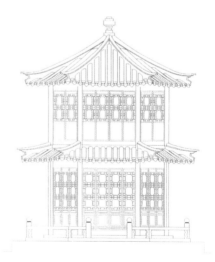

图6-3 浮翠阁立面图（引自《苏州古典园林营造录》）

161

图 6-4　松风水阁在园中的位置

6.3　苏州拙政园松风水阁

松风水阁在拙政园的中园，左面是小沧浪，右前方是小飞虹（图6-4）。

【设计解读】

名称解读：松风水阁又名"听松风处"，是看松听涛之处，取自《南史·陶弘景传》"特爱松风，庭院皆植松，每闻其响，欣然为乐"。唐朝诗人杜甫《玉华宫》诗有"溪回松风长，苍鼠窜古瓦"之句。亭侧植有黑松，风动时松涛阵阵，合"听松"意境。

景观解读：松风水阁为攒尖方顶，屋顶出檐较多，飞檐起翘明显，临岸一面由廊间小门出入，其余三面空间封闭，有冰纹格半窗（图6-5）。小阁凌空架于水上，基座下有柱支撑，通透空灵，最适宜夏季观景。

人文解读：松、竹、梅在中国传统文化中被称作岁寒三友，是文人写意园中常用的植物题材。此处看松听涛，仍能使人遥想起当年园主的高洁情操。松风水阁对联"鹓雏晓旭鸣丹谷，棠棣和风秀紫芝"为清代书法家王文治题。文徵明《拙政园三十一景图》描写听松风处"疏松漱寒泉，山风满清厅。空谷度飘云，悠然落虚影。红尘不到眼，白日相与永。彼美松间人，何似陶弘景"。

图 6-5　松风水阁造型

6.4　苏州网师园濯缨水阁

濯缨水阁东依网师园"云岗"黄石假山,西连爬山廊,面北临水而筑。

【设计解读】

名称解读:濯缨水阁取意源于《孟子·离娄》:"沧浪之水清兮,可以濯吾缨;沧浪之水浊兮,可以濯吾足。"

景观解读:濯缨水阁为卷棚歇山顶单层阁,精致小巧,宛若浮于水面(图6-6),中间隔窗两面刻有八骏图、三国志人物、花卉等,构图巧妙,雕刻精美。临水一面有雕花木栏,是夏季依栏观鱼的好去处,此处可观彩霞池周边景色,向左隔爬山廊与月到风来亭隔水互为对景(图6-7)。

人文解读:濯缨水阁室内后窗两旁挂有对联"曾三颜四,禹寸陶分"为郑板桥所题。"曾三"指曾子"吾日三省吾身","颜四"指颜回有忠、信、孝、悌四德,"禹寸陶分"语出《晋书·陶侃传》,借大禹、陶侃典故表达惜时如金的人生哲学。外廊柱有对联"于书无所不读,凡物皆有可观",为集句联。上联集自宋朝苏辙的《上枢密韩太尉书》,下联集自苏轼的《超然台记》,表达了作者旷达乐观的人生态度。"雨后双禽来占竹,秋深一蝶下寻花"为清朝政治家、书法家刘墉所题,出自宋朝文同的《北斋雨后》诗。

图6-6　濯缨水阁近景

图6-7　濯缨水阁与月到风来亭

6.5　苏州狮子林修竹阁

修竹阁位于狮子林湖心岛东侧，飞跨池水之上，其东与复廊通。

【设计解读】

名称解读："修竹阁"取自佛教史籍《洛阳伽蓝记》中"庭列修竹，檐拂高松"之句。狮子林的问梅阁、指柏轩都是以植物为主题命名的建筑，竹丛掩映中的修竹阁亦如此（图6-8）。

景观解读：修竹阁为卷棚歇山顶单层阁，南北不设墙，只有挂落、坐槛，设吴王靠，视线通透。在阁内北望，水面狭窄，蜿蜒无尽，在山石中时隐时现；南望则水面较宽阔，周围是自然堆砌的山石湖岸，修竹阁在这山水之间，颇有自然之趣（图6-9）。

人文解读：修竹阁对联"闲看浮云所思不远，独倚修竹相期谁来"，表现出一种闲散随意的格调。阁内南北墙上分别有砖额"通波"和"飞阁"，取自汉代班固《西都赋》"与海通波"与"修除飞阁"句，砖额以夸张的手法描绘了此阁飞跨池水之上的位置。

|图6-8　竹丛掩映中的修竹阁

|图6-9　修竹阁

6.6　上海豫园听涛阁

听涛阁位于豫园积玉水廊东,坐北朝南,为两层阁(图6-10)。

【设计解读】

名称解读:豫园离黄浦江很近,取"听涛"为名,是用了"声借"的手法,引黄浦江的涛声入园,增加了园林的意境之美。在建园的时候,这里没有高楼林立,也没有市声嘈杂,因此,听涛并不是一件夸张的事。

景观解读:听涛阁为重檐双层阁(图6-11),其平面构图是特殊的抱厦形式,基于长方形歇山顶,从前部中间又突出一个多边形攒尖顶的部分,两部分的顶完美结合在一起。后半部分的正脊两端有鳌鱼,垂脊端部塑人物造型;前半部分攒尖顶上塑仙鹤独立造型。红柱灰瓦,和豫园大多数建筑风格一致。听涛阁与涵碧楼隔池相望,互为对景。

人文解读:豫园的建筑顶部雕饰精美,人物多、动物也多。听涛阁前部分宝顶的装饰为仙鹤,鹤在我国传统文化中有长寿的意思,符合豫园的建园理念。

| 图 6-10　位于积玉水廊东的听涛阁

| 图 6-11　听涛阁

6.7　无锡寄畅园邻梵阁

邻梵阁（图6-12）在寄畅园九狮台之南，为秦燿所歌咏的寄畅园二十景之一。

【设计解读】

名称解读：佛经原为梵文书写，故一般与佛教有关的事物皆称梵，如佛教中常把佛寺称为"梵刹"。邻梵阁因紧靠惠山寺而得名。

景观解读：邻梵阁采用"借景"之法，游人登临此阁，不仅能欣赏到惠山寺的全景，就连锡山风光也尽收眼底。原来建筑已毁，现在的邻梵阁为1980年根据明代王穉登《寄畅园记》的记载重建。

人文解读："邻梵阁"横匾为南京师范大学教授尉天池所书。明代秦燿的《寄畅园二十咏》（其十）云："高阁邻招提，天花落如雨。时闻钟梵声，维摩此中住。"

|图6-12　邻梵阁

6.8 苏州留园远翠阁

远翠阁，位于留园的北部，为两层阁（图6-13）。

【设计解读】

名称解读：楼名取自唐朝方干《东溪别业寄吉州段郎中》诗"前山含远翠，罗列在窗中"句意，将周围景色融入阁名，极富自然之趣。

景观解读：远翠阁为重檐卷棚歇山顶二层阁，出檐较多。底层前面为落地长窗，左右两面为开有六角景窗的粉墙，后面的屏门上嵌有字画，上方悬挂"自在处"匾额。再其后为楼梯间以供上下。底层三面设走廊（图6-14），廊柱间上设挂落，下为半墙坐槛。远翠阁的二层左、右、前三面均设雕花明瓦和合窗，登二楼可凭窗眺望远景。远翠阁造型端庄，风格古雅。阁前庭院正中有石砌牡丹花台，为苏州园林中最古老的花台，其为明代遗物，花台由青石雕刻，栩栩如生；东南有石峰，名为"朵云"，相传为文徵明停云馆中旧物。远翠阁位于留园中部东北角，无论是近观还是远望，皆是满眼青翠，层次分明。

人文解读：远翠阁底楼匾额"自在处"取陆游"高高下下天成景，密密疏疏自在花"诗句，为集文徵明字而成，表达园主追求一种心无挂碍的豁达境界。

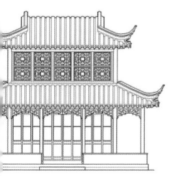

图6-13 远翠阁正、侧立面图（引自《苏州古典园林营造录》） ｜图6-14 远翠阁实景

6.9 吴江退思园揽胜阁

揽胜阁位于退思园内园，西邻中庭的坐春望月楼，是退思园全园的最高观景点（图6-15、图6-16）。

【设计解读】

名称解读：从揽胜阁推窗远望（图6-17），内园菰雨生凉轩、闹红一舸、眠云亭、退思草堂、水香榭等主要景点尽收眼底，这也是揽胜阁名字的由来。

景观解读：揽胜阁是一座不规则的五角形二层楼阁，其两层楼无楼梯相连，二层与坐春望月楼相连，一层单独进出。揽胜阁巧妙地将中庭和内园结合起来，同时打破了内园西北两面直角墙壁的呆板格局。

人文解读：揽胜阁与天桥和菰雨生凉轩一起，被誉为退思园"三绝"，其周围皆窗，视线开阔（图6-18），曾作为女眷足不出户即可饱览园中景致的地方。

|图 6-15 揽胜阁

图 6-16 高耸的揽胜阁

图 6-17 由揽胜阁望园景

图 6-18 周围皆窗的揽胜阁

6.10 杭州郭庄景苏阁

景苏阁是郭庄主体建筑之一，可望西湖之景。郭庄因依西湖而建，很多可借景西湖的景点中以景苏阁为最佳。

【设计解读】

名称解读：由景苏阁月门向外观看，可看到苏堤，因此景苏阁即"借苏堤之景入园之阁"。同时苏堤因纪念苏轼而得名，景苏阁也可理解为"景仰苏轼之阁"。

景观解读：景苏阁为单檐二层硬山顶砖木结构（图6-19），面湖三开间，上下层皆有前廊，二层有围栏。建筑上有多处木雕装饰，造型古色古香。有矮墙将建筑与园外景色分开，自成小院。矮墙有月洞门，门内外分别题"枕湖""摩月"（图6-20）。视线穿过洞门，苏堤第三座桥压堤桥桥洞正好入画，形成完美的框景（图6-21），使人想起清朝造园家李渔所描绘的"尺幅窗""无心画"。登二楼赏景，远望苏堤如带，六桥烟柳，如梦似幻，近观莲荷柔婉，似诗如画，美不胜收。

人文解读："景苏阁"匾额由我国杰出的数学家、中国科学院院士苏步青题写。

图 6-19 景苏阁

图 6-20 景苏阁"摩月"月门

图 6-21 由景苏阁"枕湖"月门望苏堤压堤桥

6.11 南京煦园漪澜阁

漪澜阁位于煦园太平湖北侧水面较狭窄处，是园内主体建筑。

【设计解读】

名称解读：漪澜阁（图6-22）四面环水，其名亦突出了水的主题。

景观解读：漪澜阁为歇山顶砖木结构单层阁，灰瓦覆顶，翘角飞檐，额枋施以彩绘，撑拱雕有金狮。屋脊正中有一葫芦瓶造型，用这一盛水器物作为镇火之物。屋顶的螭吻造型独特，远看既像瓶又像鱼。正面均为木质门窗，八扇木门所雕图案均为瓶鼎形状，谐音平等，左右两面白墙各设两窗（图6-23）。漪澜阁前有平台，平台临水处有石栏，栏柱上雕有神态各异的石狮子。左右有石桥与东西两岸相连，前隔太平池与不系舟互为对景。

人文解读：门楣上悬挂着由当代书法家武中奇先生题写的"漪澜阁"三字（图6-24）。两侧抱柱联"满堂花醉三千客，一剑霜寒四十州"原为晚唐画僧贯休《献钱尚父》中的诗句，孙中山先生将原诗中的"十四州"改为"四十州"后书赠张静江。民国初年，孙中山先生往返住所和办公室时，必经此处，有时也在此办公，故后人也称此阁为中山堂。

| 图 6-22 漪澜阁

| 图 6-23 漪澜阁侧面

| 图 6-24 漪澜阁匾额

6.12 南京煦园忘飞阁

忘飞阁位于煦园太平湖东侧，为单层阁，与夕佳楼隔湖相望。

【设计解读】

名称解读：相传此阁建成以后，屋脊上雕刻的梅花、小鸟巧夺天工，惟妙惟肖，引来飞禽栖落，看到园中美丽的景色，竟乐而忘飞，故名忘飞阁。

景观解读：忘飞阁为歇山顶单层阁，玲珑剔透，由三楹小屋组合而成，西面临水处正中一间向前跨入水中，下有立柱支撑，使阁的平面轮廓呈"凸"字形。伸出来的一间为歇山顶，飞檐翘角，造型夸张（图6-25）。留在后面的屋顶为卷棚硬山，造型质朴，更衬托得前面的屋顶翩然欲飞。横脊的正中有一葫芦瓶造型，与前述漪澜阁一致。戗角上有"喜上眉梢"木雕（图6-26）。东面院内栽桂花、芭蕉、修竹，并有假山。

人文解读：现"忘飞阁"匾额为南京师范大学尉天池教授所题。在这山水之间，鸟流连而忘飞，人流连而忘返。不管是鸟还是人，不要一直前行而忘了身边的美景，想必这是忘飞阁给很多人带来的心灵触动吧。

图6-25 忘飞阁

图6-26 忘飞阁"喜上眉梢"木雕

6.13 苏州狮子林问梅阁

　　问梅阁位于狮子林西部假山最高处（图6-27），是西山的主体建筑，在阁中可望全园山色。

【设计解读】

　　名称解读：问梅阁的得名和狮子林大多数建筑一样，也和佛教典故有关。《五灯会元》（卷三）载，马祖道一禅师的弟子法常，初参马祖道一时，闻禅师"即心即佛"之语，当即大悟。后成为大梅山住持，称大梅法常禅师。元末危素《师子林记》："今有指柏之轩、问梅之阁，盖取马祖、赵州机缘以示其采学。"可见，问梅阁的"梅"指大梅法常禅师。因问梅阁字面中有梅，而梅花又是文人极喜爱的植物之一，其周边索性以梅花造景，所以这里的梅也代表了梅花。

　　景观解读：问梅阁为歇山顶重檐双层阁。底层白墙，彩色梅花窗（图6-28），上层四周开有横风窗。家具装饰、地面花纹皆为梅花图案，屏上书画也都取材梅花。阁前种有梅树，原亦有古梅名"卧龙"。

　　人文解读：问梅阁内横额"绮窗春讯"，取王维《杂诗》"来日绮窗前，寒梅著花未"句，意为花窗外梅花传来了春的讯息，款署"甲子春日朱修爵"。问梅阁对联"高隐成图，息壤皆盟马文璧；名园涉趣，清诗重和蒋心馀"此联为清末民初诗人费树蔚题狮子林问梅阁，联语有跋："润生先生属题狮子林，两语均用君家故事。"润生即园主贝润生。

图 6-27　问梅阁

图 6-28　问梅阁梅花窗

柒

馆

馆原为供人游览或客舍之用。《说文》曰："馆，客舍也。"馆，供宿供膳，所以从"食"。它的异体字作"舘"，说明馆属于房舍一类。文人园林中的馆一般是休息会客的场所，常与居住部分或厅堂有联系，《园冶·屋宇》曰："散寄之居曰馆，可以通别居者。"

　　馆的建筑尺度一般不大，布置方式也较灵活，常位于一组建筑群中，一般馆前皆有宽大的庭院，形成清幽、安静的环境，供游览眺望、起居、宴饮之用，其布置大方随意，构造与厅堂类同。馆与堂、斋、轩等一样，既可指单体建筑，也可指建筑群。

7.1 苏州拙政园秫香馆

秫香馆位于拙政园东园北部，天泉亭北土山松岗之西，为东园最大的厅堂（图7-1）。

【设计解读】

名称解读：秫者，狭义指高粱，广义为稷、稻之精品的统称。宋人范成大《冬日田园杂兴》有"尘居何似山居乐，秫米新来禁入城"之句。以前园墙外皆为农田，平时墙外有农人劳作，听着这忙碌的声音，对五谷丰登的期盼油然而生。丰收时节，墙外谷香阵阵，闻着这醉人的香气，体会丰收的喜悦，在这农桑田园，体验山居之乐，便是在此建楼的用意，秫香之名，亦由此得。

景观解读：秫香馆为卷棚歇山顶，面阔五间，四周有回廊。秫香馆屋面反曲较小，只在翼角有较高的起翘，造型风格质朴而稳重，但在细部装饰上又极精。其前后正中有落地长窗，裙板以黄杨木雕装饰，为明式风格，精雕细镂，栩栩如生。其中的戏文场景浮雕更是不可多得的精品，两侧为白墙，开短窗。室内宽敞明亮，室外景色开朗，四周皆有景可赏。

人文解读：秫香馆楹联"此地秫花多说部，曹雪芹记稻香村，虚构岂能夺席；四时园景好诗家，范成大有杂兴作，高吟如导先声"（图7-2），款署"丁丑元月钱仲联撰书，时年九十"。钱仲联为当代国学大师、苏州大学教授。

| 图 7-1 秫香馆

| 图 7-2 秫香馆匾额及对联

7.2 苏州拙政园玲珑馆

玲珑馆（图7-3），为拙政园枇杷园中的主要建筑，坐东朝西。

【设计解读】

名称解读：玲珑馆取北宋诗人、沧浪亭园主苏舜钦《沧浪亭怀贯之》诗"秋色入林红黯淡，日光穿竹翠玲珑"句意名之，点明植物主题。

景观解读：玲珑馆为卷棚歇山顶，四周半窗窗格纹样均用冰裂纹图案，庭院花街铺地的图案也是梅花冰裂纹。馆左侧向南有曲廊通向听雨轩小院，右侧曲廊通向海棠春坞，景观连续，协调统一。馆前原置有玲珑剔透的太湖石峰，馆后有曲水，栽植桂、竹。馆前庭院中亦有竹与枇杷，颇有苏舜钦诗"日光穿竹翠玲珑"之意境。

人文解读：馆内正中悬有"玉壶冰"的横匾（图7-4）。匾名摘自南北朝时期鲍照诗《代白头吟》"直如朱丝绳，清如玉壶冰"句，代表主人"清廉正直"的人生信条。"玉壶冰"额两侧，是当年主持修复古园的张之万所手书的一副楹联"曲水崇山，雅集逾狮林虎阜；莳花种竹，风流继文画吴诗"。馆内还有一联"林阴清和兰言曲畅，流水今日修竹古时"，此联为晚清王文治所撰。玲珑馆外柱旧联"扫地焚香盘膝坐，开笼放鹤举头看"，款署"曼生陈鸿畴"，此联表现了超凡脱俗的意境。

图 7-3　玲珑馆

图 7-4　玲珑馆"玉壶冰"匾额

7.3 苏州拙政园卅六鸳鸯馆
（十八曼陀罗花馆）

卅六鸳鸯馆为苏州拙政园西花园的主体建筑，南部为十八曼陀罗
花馆，北部为卅六鸳鸯馆。

【设计解读】

名称解读：拙政园最初的园主王献臣极爱山茶花，园地选址即与
山茶花有关。十八曼陀罗花馆为清光绪年间补园主人张履谦修建，当
时栽植名贵山茶花"十八学士"，因山茶花又名曼陀罗花，因而得名。
北厅则因厅前池中曾养三十六对鸳鸯而得名。

景观解读：卅六鸳鸯馆和十八曼陀罗花馆是文人建筑中一种常见
的鸳鸯厅形式，厅内以隔扇划分为南北两部分。其平面基本形状为方
形，但在四角各带一耳室（图7-5），主体为硬山两面坡顶，四耳室为
攒尖顶。以前园主人常在此赏昆曲，卅六鸳鸯馆类似一个小剧场，其

|图7-5 卅六鸳鸯馆

设计也有意为之，四角的耳室可作为演员化妆更衣之处，馆内设计注重音效，内顶棚设计为弧形（图7-6），利用弧形屋顶来反射声波，使声音聚拢，有余音绕梁的效果。馆四周窗子花格中均为蓝色和透明色玻璃相间排列，美观典雅。

人文解读："卅六鸳鸯馆"匾额为苏州状元洪钧所题，"十八曼陀罗花馆"匾额为同样是苏州状元的陆润庠所题。四耳房门额为"迎旭""延爽""来薰""纳凉"。十八曼陀罗花馆对联之一"迎春地暖花争坼，茂苑莺声雨后新"，款署"录沈景修旧句"。上联嵌入"迎春"两字，恰为拙政园原"迎春坊"地名；下联嵌入"茂苑"两字，恰为苏州的代称。十八曼陀罗花馆隶书对联之二"小径四时花，随分逍遥，真闲却香车风马；一池千古月，称情欢笑，好商量酒政茶经"，款署"丙寅年春沈迈士年九十有六书于冬青书屋"。十八曼陀罗花馆对联之三"谁家燕喜，触处蜂忙，绮陌南头，见梅吐旧英，柳得新绿；斜日半山，暝烟两岸，栏杆西畔，有华灯碍月，飞盖妨花"，杨岘书，此联集北宋词人秦观词。

图7-6　卅六鸳鸯馆内景

179

7.4 苏州留园五峰仙馆

五峰仙馆位于留园中部东区，是留园最大的厅堂。

【设计解读】

名称解读：五峰仙馆和前述揖峰轩类似，均是因石得名。"五峰"源于李白的诗句："庐山东南五老峰，青天削出金芙蓉。"因其建筑梁柱全部采用楠木，又俗称楠木殿。

景观解读：五峰仙馆面阔五间（图7-7），九架进深，硬山顶。馆南庭院有假山，为写意庐山五老峰。馆前为落地长窗，下为自然山石踏跺。馆北亦筑有湖石假山、花径。馆内用银杏纱槅屏风隔出前后两厅，屏风北面是清代书画家吴大澂的篆书《陋室铭》全文（图7-8），北面为松菊画。厅堂宽敞明亮，宏丽而大气。厅内有与冠云峰齐名的留园"三绝"之一的大理石圆形座屏，其石面纹理色彩仿佛一幅雨雾图，左上方有白色石晕又恰成云中月，是一幅天然水墨图画。

图7-7 五峰仙馆

人文解读：南厅"五峰仙馆"额为吴大澂题。两侧对联为龙门对，"迤逦出金闾，看青萝织屋，乔木干霄，好楼台旧址重新，尽堪邀子敬清游，元之醉饮；经营参画稿，邻郭外枫江，城中花坞，倚琴樽古怀高寄，犹想见寒山诗客，吴会才人。"其为旧联新书，原为晚清教育家薛时雨书，今由当代书法家郭仲选补书。北厅楹联"读书取正，读易取变，读骚取幽，读庄取达，读汉文取坚，最有味卷中岁月；与菊同野，与梅同疏，与莲同洁，与兰同芳，与海棠同韵，定自称花里神仙"。此联为苏州状元陆润庠所书，上联写读书事，下联以花喻人。

| 图 7-8　五峰仙馆南厅内景

7.5 苏州狮子林双香仙馆

双香仙馆位于狮子林西南角，与问梅阁由爬山廊连接。

【设计解读】

名称解读：双香即冬梅、夏荷，双香仙馆意为梅莲并香的馆所。

景观解读：双香仙馆实际是一个突出于廊外的长方形单檐亭（图7-9），其屋顶是廊顶的延续，三面围有木制栏杆，亭内设汉白玉石桌凳。馆前有银杏树一株，为明清之交种植，浓荫如盖，古意盎然。双香仙馆与问梅阁相邻，问梅阁又与暗香疏影楼相邻，三个景点以一个核心——"梅"串联，让人寻梅而来，逐香而游，满足了人们爱梅的心理。从双香仙馆可俯视湖心亭。

人文解读：馆内匾额书"双香仙馆"（图7-10），这里馆前有梅，馆外有荷，双香仙馆是冬闻腊梅香，夏品荷花香的好地方。梅花和莲花都是文人喜爱的植物，梅花有"零落成泥碾作尘，只有香如故"的孤高；莲花有"出污泥而不染""可远观而不可亵玩焉"的纯洁。梅莲双香能给人以心灵的熏染和净化，以此命名颇具文人园林意趣。

| 图 7-9 双香仙馆

| 图 7-10 双香仙馆匾额

7.6　苏州网师园蹈和馆

蹈和馆坐西朝东，从网师园小山丛桂轩向西南，沿曲廊可至。

【设计解读】

名称解读：蹈和馆名出自成语"履贞蹈和"，意思是说走路脚不要偏，做事和为贵，做人要平和。

景观解读：蹈和馆（图7-11）前为落地长窗，南北白墙上开花窗。四周有围廊，廊柱间有石栏坐槛（图7-12），前廊南端辟有小门，与"琴室"相连。庭前堆湖石假山，假山上树木葱茏，其中有枣树与古桩石榴盆景，红枣寓意早得贵子，石榴寓意多子多福，均代表了对家族兴旺的期盼。蹈和馆周围环境幽静，是主人听琴宴客小憩之处。

人文解读："蹈和馆"额寓平和安顺之意。"履中""蹈和"，均体现儒家中庸之道，"和"就是要适度，以"和"修身，能保持平静安宁的心境，使人得以健康长寿；以"和"对待大自然，与大自然和谐共处，"人与天调，而后天下之美生"；以"和"治国，能使国家安定、天下太平。

图 7-11　蹈和馆

图 7-12　蹈和馆侧面

7.7　苏州网师园露华馆

露华馆位于网师园西南角，濯缨水阁西，是一处较为独立的庭院。

【设计解读】

名称解读：露华馆（图7-13），取意李白《清平调》"云想衣裳花想容，春风拂槛露华浓"的诗句而名。

景观解读：露华馆院中东、中、西分布着三个花坛。中间为一大型花坛，栽植数十株牡丹。牡丹和芍药花朵相似，为延长观赏期，配以若干芍药。春末夏初，牡丹、芍药先后开放，花团锦簇、国色天香。这里原为网师园中的牡丹芍药圃，改建成茶室以后，园中的景致保留了下来。

人文解读：露华馆外抱柱联"纵目槛前，仿佛沉香亭畔无数洛红赵碧，李白放歌应未尽；遣怀庭外，犹疑兴庆宫中几丛魏紫姚黄，欧阳欲记恨难详"，由苏州当代书画家崔护（本名崔光祖）所书。露华馆南正对一低矮粉墙，上有砖雕题字"玉椀金盘"（图7-14），是苏州当代著名书法家吴漱所题。

|图 7-13　露华馆

|图 7-14　"玉椀金盘"题字

7.8 苏州沧浪亭翠玲珑馆

翠玲珑馆位于沧浪亭五百名贤祠之南，是以观翠竹为主题的建筑。

【设计解读】

名称解读：翠玲珑馆和拙政园玲珑馆类似，其名源于沧浪亭第一任园主苏舜钦《沧浪亭怀贯之》诗句"秋色入林红黯淡，日光穿竹翠玲珑"。该馆以竹为主题（图7-15）。

景观解读：翠玲珑馆由贯通相连却不在一条直线上的三间建筑组成，其排列采用了"横、竖、横"的形式，这种布局在苏州园林中极为少见，在有限的空间中通过游览方向的变化增加了空间的无尽之意。室内室外均突出竹的主题。室内家具是以竹为图的明式竹节纹红木桌椅，对联也为竹制。室外南北皆栽植竹子，南向挡前面围墙外不佳之景，北向遮掩五百名贤祠的肃穆之气。

人文解读："翠玲珑"篆书额两旁为抱柱联（图7-16）"风篁类长笛，流水当鸣琴"，语出唐朝上官昭容《游长宁公主流杯池二十五首》，"篁"为新竹，风吹竹声，似长笛之声，体现了翠玲珑的主题，"流水当鸣琴"，则描写了环境的清幽。

图7-15 竹林环抱的翠玲珑馆

图7-16 翠玲珑馆匾额与对联

7.9　苏州怡园坡仙琴馆

坡仙琴馆位于怡园四时潇洒亭之南，拜石轩之北。

【设计解读】

名称解读：坡仙琴馆（图7-17）因园主顾文彬之子顾承曾将"玉涧流泉"琴放于此处而得名，此琴为苏东坡监制，"坡仙"即苏东坡。坡仙琴馆至今也是四方琴人雅集之处。这一习惯源于1919年仲秋，第三代园主人顾鹤逸首次在此举行琴会，1935年第二次琴会时又成立了"今虞琴社"社团，坡仙琴馆名副其实。

| 图 7-17　坡仙琴馆院落

景观解读：坡仙琴馆为卷棚歇山顶，分东西两间，东间有东坡像，西间是园主与朋友研习琴艺的地方，现藏有仿品"玉涧流泉"琴。琴馆院中湖石形态奇特，或站或坐，都似在侧耳听琴，其中两峰"停云"

和"殊秀"最为秀美，增添了琴馆的幽静之感和意境之美。馆内西额"石听琴室"即因此得名。

人文解读：坡仙琴馆匾额（图7-18）为当时苏州知府吴云所书，旁有"艮庵主人以哲嗣乐泉茂才工病，思有以陶养其性情，使之学习，乐泉顿悟，不数月指法精进，一日，客持古琴求售，试之声清越，审其款识，乃元祐四年东坡居士监制，一时吴中知音皆诧为奇遇，艮庵喜，名其斋曰：'坡仙琴馆'，属予书之，并叙其缘起，同治八年退楼弟吴云"。此书概说园主顾文彬之子学琴并结缘苏东坡的"玉涧流泉"琴，主人为坡仙琴馆命名，邀其书写匾额之过程。

图 7-18
坡仙琴馆匾额

187

7.10 苏州怡园碧梧栖凤馆

碧梧栖凤馆位于怡园藕香榭西侧，坐北朝南。

【设计解读】

名称解读："碧梧栖凤"取白居易《玩松竹二首》（其一）"栖凤安于梧，浅鱼乐于藻"诗意。中国梧桐被视为吉祥的象征，据说，凤凰之性，非梧桐不栖，非竹实不食，可见梧桐树之高洁不俗。唐杜甫《秋兴》诗有"碧梧栖老凤凰枝"之句，宋陆游《寄邓志宏五首》（其一）也有"自惭不是梧桐树，安得朝阳鸣凤来"之诗句，都将梧桐看作凤凰喜栖之树。

景观解读：碧梧栖凤馆为卷棚歇山顶，面阔5.98米，进深6.37米（图7-19）。此馆前面开敞，仅在柱间设挂落，后为冰纹格长窗，左右白墙上开八角形冰纹格漏窗。馆北植有梧桐树、凤尾竹，突出引凤主题。碧梧栖凤馆四周由起伏自如的云墙围合成独立小院，开月洞门，环境清幽，梧桐如盖，碧梧栖凤馆也如这引凤的梧桐一样，在默默吸引客人的到来。

人文解读：碧梧栖凤匾额（图7-20）题记"新桐初引，么凤迟来，徙倚绿阴，渺渺乎于怀也。怡园主人属书，光绪丁丑仲春仁和吴观乐"。碧梧栖凤对联"新月与愁烟，先入梧桐，倒挂绿么凤；空谷饮甘露，分傍茶灶，微煎石鼎团龙"为集句联，上联集自宋苏轼《昭君怨·谁作桓伊三弄》《行香子·昨夜霜风》和《西江月·玉骨那愁瘴雾》，下联采自宋张炎《祝英台近·带飘飘》《法曲献仙音·题姜子野雪溪图》和《木兰花慢·龟峰深处隐》。

| 图 7-19 碧梧栖凤馆 | 图 7-20 碧梧栖凤匾额 |

7.11 苏州耦园储香馆

储香馆位于耦园城曲草堂西侧，是草堂西延的部分（图7-21）。

【设计解读】

名称解读：储香馆意为"储存桂香之馆"，前庭院内植桂花，秋季桂花飘香时节，便能体会这馆名的意趣了。桂又指折桂，这馆名又暗含了园主期盼子孙后代学业有成、蟾宫折桂。

景观解读：储香馆为重檐一层屋，因其紧挨城曲草堂，而城曲草堂体量很大，储香馆的双檐屋顶增加了高度，以避免和草堂高差过大。储香馆东、西为墙，南、北下为裙板，上置和合窗（图7-22），南、北各有一门，南门供出入，北门通向馆内小室。旧时是园主后裔读书之所。

人文解读：储香馆喻储桂花之香，实质喻"储折桂栋梁之所"。储香馆是园主后人读书的地方，也是培养人才的摇篮。

图7-21 储香馆重檐平屋

图7-22 储香馆和合窗

捌

堂

《园冶》："古者之堂，自半已前，虚之为堂。堂者，当也。谓当正向阳之屋，以取堂堂高显之义。"由此可见向阳、高显为堂之主要特征。厅、堂在功能和形式上相仿，故后世常将厅堂二字连用。计成又说："凡园圃立基，定厅堂为主。先乎取景，妙在朝南。"由此可知在建园施工程序上，首先要建堂，也是立基时首要考虑的因素。堂作为园林中的主体建筑，作为构图中心，其他景物的布置围绕堂来布置。

在文人园林中，厅堂是园主家人团聚、宴请宾客、处理事务的场所，因此厅的造型高大、空间宽敞、装修精美、陈设富丽，一般前后或四周都开设门窗，可以在厅中静观堂外美景。堂往往呈封闭院落布局，只是正面开设门窗，它是园主人起居之所。一般来说，不同的堂具有不同的功能，如上海豫园的三穗堂是作会客之用，点春堂作宴请、观戏之用，玉华堂则是书房。因此各堂的功能按具体情况而定，功能不尽相同。

文人结庐也常以堂名之，如杜甫的杜甫草堂、白居易的庐山草堂。

在江南园林中厅堂的形式主要有鸳鸯厅、四面厅和荷花厅三种。鸳鸯厅是用屏风或罩将内部一分为二，分成前后两部分，前后的装修、陈设也各具特色，一般前后厅也各取一个名字。鸳鸯厅的优点是一厅同时可作两用，如前作庆典后作待客之用，或随季节变化，选择恰当位置待客、休息。主要厅堂多采用四面厅，为了便于观景，四周往往不作封闭的墙体，而设大面积隔扇、落地长窗，四周围以回廊。荷花厅是一种较为简单的厅堂，一般面阔三间，专为赏荷而作，水中常植荷花。

8.1 苏州拙政园远香堂

远香堂（图8-1）位于拙政园中部景区，是中园的主体建筑。

【设计解读】

名称解读：远香堂之名源于宋代周敦颐的《爱莲说》诗句"香远益清，亭亭净植"。此处北临荷池，夏季荷花开时荷香满堂，甚合诗中意境。拙政园中有多处以荷命名的景点，实是园主借花自喻，代表高尚的品格。

景观解读：远香堂是一座四面厅，面阔三间，单檐歇山顶。横脊两端有鳌鱼，垂脊端部有瑞兽。四周均为落地长窗，厅内宽敞明亮、华丽庄重，可四面观景。外有围廊，廊柱间有石栏坐槛。堂北与荷池间有宽阔的平台，可近距离赏荷，在此可体验园主爱荷之意趣。堂南有小池和假山。远香堂是中园的主体建筑，因此四周景点众多，无论是站于室内窗前还是坐于窗外，四周均有景可赏。远香堂东与假山之上的绣绮亭互为对景，西北面又与荷风四面亭互为对景，北与北山上的雪香云蔚亭互为对景，北山待霜亭的一角又隐约可见。如此，远香堂位于拙政园的春亭（绣绮亭）、夏亭（荷风四面亭）、秋亭（待霜亭）和冬亭（雪香云蔚亭）中间，春夏秋冬四座亭均与之互为对景，因此远香堂为绝佳观景之处。同时，位于上述四亭中，又都能观远香堂。

人文解读：远香堂南面有一对108字的龙门联"建业报裏，临淮总权，数年间大江屡渡，沧海曾经，更持节南来，息劳劳宦辙，探胜寻幽，良会几忘新拙政；蛇门遥接，鹤市旁连，此地有佳木千章，崇峰百叠，当凭轩北望，与衮衮群公，开尊合尘，名园且作故乡看"。其北面正对荷塘的一对抱柱联为"旧雨集名园，风前煎茗，琴酒留题，诸公回望燕云，应喜清游同茂苑；德星临吴会，花外停旌，桑麻闲课，笑我徒寻鸿雪，竟无佳句续梅村"。关于远香堂的题咏很多，远香堂在拙政园中的地位不言而喻。

|图 8-1　远香堂

8.2 苏州拙政园玉兰堂

玉兰堂，为一处独立封闭的幽静庭院，位于拙政园住宅区与花园交界处，中花园的西南。院落小巧精致，主体建筑玉兰堂坐北朝南，高大宽敞。

【设计解读】

名称解读：玉兰堂（图8-2）以花为名，以突出此处赏景主题为玉兰花。玉兰春季最早开花，先花后叶，深受文人们的喜爱。曾亲自参与拙政园设计的书画家文徵明非常喜爱玉兰花，他所做的《咏玉兰》"绰约新妆玉有辉，素娥千队雪成围。我知姑射真仙子，天遣霓裳试羽衣。影落空阶初月冷，香生别院晚风微。玉环飞燕元相敌，笑比江梅不恨肥"就是描写玉兰花的美丽。

景观解读：玉兰堂为单檐硬山顶，南为长窗，北为半窗，有精致的万字格装饰。南窗外有廊，廊柱间有木制围栏。院内有大小玉兰各一株（图8-3）。院南粉墙高耸相当于背景，墙前植物配以湖石，似一幅天然图画。

人文解读：玉兰堂曾名"笔花堂"，与文徵明故居中的笔花堂同名。以此为名，一则因玉兰花苞形似毛笔的笔头，又名"笔花"，二则借用"妙笔生花"比喻文思泉涌、下笔如有神的一种状态，这是古时文人创作的最佳境界，在此读书作画，实是人生的莫大享受。

玉兰堂对联"道不达人，子臣弟友；学惟逊志，礼乐诗书"，据说此联是文徵明六十四岁时游览拙政园所作。堂东侧的游廊上，原挂有一联"名香播兰蕙，妙墨挥岩泉"，款署文徵明，上联咏植物之香，实拟高洁的人格，下联写文人活动，正是文徵明艺术生活的写照。

|图8-2 玉兰堂　　　　　　|图8-3 玉兰堂的

8.3　苏州拙政园兰雪堂

兰雪堂（图8-4）为拙政园东部主厅，坐北朝南。

【设计解读】

名称解读：堂名取唐李白《别鲁颂》诗句"独立天地间，清风洒兰雪"，以兰之幽香、雪之洁白，寓园主品行高尚。

景观解读：兰雪堂为硬山顶，三开间，雕花门窗均为冰纹格。兰雪堂正中有屏门相隔，南面为一幅漆雕《拙政园全景图》，北面为《翠竹图》，全部采用苏州传统的漆雕工艺。兰雪堂北有叠石、峰石，其中缀云峰为多块山石整体构景而成，联璧峰为两座太湖石独峰。兰雪堂东北隔池与芙蓉榭互为对景。

人文解读："兰雪堂"隶书匾额款署"朱彝尊书"，朱彝尊为清代著名学者，此三字为从朱彝尊题写的"兰雪堂图"中截取而作。两侧龙门联"此地是归田故址，当日朋俦高会、诗酒留连，犹馀一树琼瑶，想见旧时月色；斯园乃吴下名区，于今花木扶疏、楼台掩映，试看万方裙屐，尽占盛世春光"（图8-5），款署"丙寅春日夷斋钱定一并书于北云楼"，钱定一为当代上海书法家。园主王心一在《归园田居》对兰雪堂有记载："东西桂树为屏，其后则有山如幅，纵横皆种梅花。梅之外有竹，竹邻僧舍，旦暮梵声，时从竹中来。"

图8-4　兰雪堂

图8-5　兰雪堂匾额及对联

8.4 苏州狮子林立雪堂

立雪堂位于狮子林燕誉堂西南，坐东朝西。

【设计解读】

名称解读：据欧阳玄《师子林菩提正宗寺记》载，立雪堂原为传法堂，因此立雪堂（图8-6）得名和狮子林大多数建筑类似，也是来自佛家故事。据佛教史书《五灯会元》载："祖（达摩祖师）常端坐面壁……其年十二月九日夜，天大雨雪。光坚立不动，迟明积雪过膝。祖悯而问曰：'汝久立雪中，当求何事？'光悲泪曰：'惟愿和尚慈悲，开甘露门，广度群品。'祖曰：'诸佛无上妙道，旷劫精勤，难行能行，非忍而忍。岂以小德小智，轻心慢心，欲冀真乘，徒劳勤苦。'光闻祖诲励，潜取利刀，自断左臂，置于祖前。祖知是法器，乃曰：'诸佛最初求道，为法忘形，汝今断臂吾前，求亦可在。'祖遂因与易名曰慧可。"这就是二祖慧可"立雪断臂"的故事。儒家也有"程门立雪"的典故，亦是宣扬尊师主题。

| 图8-6 立雪堂

景观解读：立雪堂为卷棚歇山顶，面阔7.76米，进深7.22米，室内方砖铺地，东临燕誉堂庭院。其东墙开方形明窗，凭窗可望燕誉堂，随人的视点变化，形成不同的框景。堂中置落地圆光罩，花格部分为"一根藤"工艺（图8-7）。圆光罩左右各有一隔断，中空部分为海棠形图案，花格部分和圆光罩类似。

人文解读：立雪堂圆光罩两旁有一副对联"苍松翠竹真佳容，明月清风是故人"，款署"乙丑春日重书明代唐解元旧联京兆邓云乡"，唐解元即明代的唐寅，字伯虎，苏州人。此联写与苍松翠竹为侣与明月清风为友，以表示园主潇洒清高、超凡脱俗的审美情趣。立雪堂对人影响深远的不仅是建筑本身，更是建筑名称中所蕴含的意义。这从元代王行的诗《狮子林十二咏》（其四）"独立暮庭中，齐腰雪几重。不因逢酷冷，那解识严冬"中可知。

图8-7 立雪堂匾额、对联和圆光罩

197

8.5 苏州网师园万卷堂

万卷堂为网师园的主厅，从网师园大门进入，穿过轿厅即到。

【设计解读】

名称解读：万卷堂即藏书万卷之堂，意为此宅为藏书之处。

景观解读：万卷堂为硬山顶，面阔五间（图8-8），前面全为落地长窗。东西两面白墙上对称挂大理石山水挂屏，厅堂家具为明式。这里是园主宴请和接待宾客的主要场所。堂前有一方小庭院，植有两株玉兰。

人文解读：厅正中高悬"万卷堂"匾额为明朝四大才子之一的文徵明所书，匾额下悬挂张辛稼的对联"紫髯夜湿千山雨，铁甲春生万壑雷"。万卷堂的抱柱联"南宋溯风流，万卷堂前渔歌写韵；莳溪增旖旎，网师园里游侣如云"，此联一写往事，一写当今，一虚一实，有抚今追昔之感。万卷堂前的砖雕门楼（图8-9）造型典雅，雕刻精致，饱经沧桑300余年后仍然完好无损，享有"江南第一门楼"的盛誉。门楼为歇山顶哺鸡脊，仿木斗拱。其雕刻玲珑剔透、细腻入微，令人称绝。中枋雕刻"藻耀高翔"四个大字。"藻耀高翔"出自刘勰《文心雕龙·风骨》"若风骨乏采，则鸷集翰林；采乏风骨，则雉窜文囿，唯藻耀而高翔，固文笔之鸣凤也"。"藻耀"即文采飞扬；"高翔"即展翅高飞。左右两侧以圆雕的手法刻有"周文王访贤"和"郭子仪上寿"戏文图，寓意"德贤文备""福寿双全"。门楼上还有"福""禄""寿"三星图案。

图8-8 万卷堂

图8-9 砖雕门楼

绪论 亭 廊 轩 榭 楼 图 馆 堂 舫

8.6 上海豫园晴雪堂

晴雪堂位于豫园的园中之园——内园中，九龙池西北。

【设计解读】

名称解读：晴雪堂（图8-10）亦称静观大厅，取北宋程颢《秋日》诗"万物静观皆自得，四时佳兴与人同"之句。同时，因为静观大厅面对假山，假山上的奇石姿态多样，据说，只要静静观之，就可以分辨出一百多种动物的形象。这种说法正是提示人们静心的重要性，通过静观去认识万物。还有一种说法，因内园原是城隍庙的花园，静观大厅内的装饰大多与道教有关，所以此"观"可以作"道观"理解。

景观解读：晴雪堂是内园的主要建筑，面阔五间，单檐歇山顶。厅前有一对石狮，为整块青石雕琢而成。豫园有八对石狮子，此为其中一对。厅前石峰间遍布黄杨、石榴、白皮松等古树，正面一块大石形如"寿"字，称为"寿字石"。晴雪堂东侧是一小院落，布局紧凑，环境幽静。园外有湖心亭、九曲桥、荷花池等景点。

人文解读：晴雪堂正堂高悬"静观"和"灵昭涥峙"两块匾额。"灵昭涥峙"，点明道家恭赞神灵的重要性，有劝人向善的教化之意。

图8-10　晴雪堂及其前石狮

8.7 上海豫园三穗堂

三穗堂位于豫园正门处（图8-11），南临大湖，是豫园最高敞的厅堂。清乾隆二十五年（1760年）建。

【设计解读】

名称解读："三穗"典出《后汉书·蔡茂传》中"梁上三穗"的故事。三穗堂其意"禾生三穗，乃丰收之征兆"。

景观解读：三穗堂为单檐歇山顶，五开间，平脊有砖雕装饰，两端有鳌鱼。垂脊端部有人物雕塑，左侧为手执长矛的张飞，右侧为手持大刀的严颜。厅堂正门的隔扇裙板上雕刻着稻麦、玉米、高粱、瓜果等农作物图案，一种田园丰收的喜悦之气扑面而来，同时契合堂名"一稻三穗、丰收在望"之意。堂外回廊四角处为白墙，有八幅精美的漏窗（图8-12），这种结构巧妙地运用了虚实结合的手法，增强了建筑的庄重感。

人文解读："三穗堂"匾额之上高悬"灵台经始""城市山林"额（图8-13）。"城市山林"匾额，形象地反映了豫园所处的环境；"灵台经史"则是天降祥兆的意思。匾额下是豫园主人潘允端撰文，当代书法家潘伯鹰书写的《豫园记》。两侧对联"秋水藕花潭，蟾窟流辉，楼台倒影涵金粟；晓风杨柳岸，莺梭织翠，村巷随声纬木棉"。清代陶澍题联"此即濠间，非我非鱼皆乐境；恰来海上，在山在水有遗音"。

绪论 亭 廊 轩 榭 楼 阁 馆 堂 舫

|图8-11 三穗堂　　　　　　　　图 8-12 三穗堂四角的漏窗　　图 8-13 三穗堂的匾额

8.8 上海豫园仰山堂

仰山堂为卷雨楼的下层。这是又一个上楼下堂的建筑，底层称仰山堂，上层为卷雨楼。清同治五年（1866年）建。

【设计解读】

名称解读：仰山堂（图8-14）以"仰山"名，有两层含义：一是点出此处为观赏大假山的佳处，这里"仰山"即"仰望大假山"之意；另一层是此堂昔日曾供奉孔子神位，《诗经》有"高山仰止，景行行止"句，司马迁在《史记·孔子世家》中说"虽不能至，然心向往之"，用来表达对孔子和孔子学说的推崇，此处"仰山"即"高山仰止"的意思。

景观解读：仰山堂位于三穗堂之后，是一座水阁式建筑，后有回廊，曲槛临池，可小憩。前望大假山景，池中倒影可鉴。

人文解读：仰山堂内悬挂"此地有崇山峻岭"匾额（图8-15），取自王羲之《兰亭集序》，令人联想起王羲之一众文人当年于兰亭曲水流觞的诗酒雅事，同时也点出仰山堂所仰借的大假山重峦叠嶂、气势巍峨的景象。

图8-14 仰山堂

图8-15 "此地有崇山峻岭"匾额

8.9 上海豫园萃秀堂

萃秀堂在豫园的最北面，是假山区的主要建筑物，在大假山东北。

【设计解读】

名称解读：萃秀堂深隐于大假山北麓，静坐堂中推窗便可近观大假山秀美景色，故名萃秀堂。

景观解读：萃秀堂与豫园其他的建筑相比，外形简洁质朴，环境清幽素雅（图8-16）。萃秀堂和假山之间的庭院较窄，以保证观赏大假山时始终是较近的视点，这样当人们仰视大假山的时候，更突出了山的高耸感。大假山为明代著名叠山家张南阳的传世佳作，用黄石堆筑。这里运用了人的错觉，使得假山作为主景更加突出。

人文解读：萃秀堂匾额款署"新安黄钰书"，黄钰为清朝政治人物，官至刑部左侍郎。萃秀堂有楹联"花香入座春风霭，曙色凝堂淑气浓"。

|图 8-16 萃秀堂

8.10 上海豫园绮藻堂

绮藻堂位于得月楼的下层（图8-17），又是一座上楼下堂、楼和堂单独命名的建筑。

【设计解读】

名称解读：此楼厅为纪念纺织家黄道婆所建，"绮"为一种有色的绸，"藻"为一种古代帝王冕上系玉的五彩丝绳，"绮藻堂"用纺织品指代黄道婆，以表达纪念之意。

景观解读：堂内装潢美观、别具一格。堂檐下有100个不同字体的木雕"寿"字，称为"百寿图"，富有民居建筑的特色。

人文解读：绮藻堂内有匾额"人境壶天"，和堂前方壶形的水池相呼应。有对联"大海实能容且放过蛮布来航蜃楼作市，明月不常满乃令见天孙织锦神女凌波"。

图8-17　绮藻堂

8.11　吴江退思园退思草堂

退思草堂为退思园全园主景，坐北朝南，南临荷池。

【设计解读】

名称解读：退思草堂取《左传》中"进思尽忠，退思补过"之意而建，退思草堂古朴素雅，点明了退思园主题。

景观解读：退思草堂为歇山卷棚顶，室内为鸳鸯厅式，陈设清雅。堂出檐较多，东、南、西三面有廊，南有亲水平台（图8-18）。在退思草堂环顾四周，坐春望月楼、菰雨生凉轩、桂花厅、岁寒居，以及琴房、眠云亭、辛台、览胜阁围成一个疏密有致而又协调统一的开阔空间，对面又与闹红一舸互为对景，加之周围花木扶疏、山景自然，构成一幅浓墨重彩的山水画长卷（图8-19）。退思草堂前面有一座山峰，似伛偻老人，又像繁体的"寿"字，故而有"健康长寿石"的美誉。

人文解读：退思草堂内有一《归去来辞》碑拓，为元代大书画家赵孟頫所书，为海内孤本，亦为退思园三珍之一。原碑已毁，故而退思园所存拓本，弥足珍贵。

图8-18　退思草堂

图8-19　退思草堂与水香榭、闹红一舸建筑围合的空间

8.12 上海豫园和煦堂

　　和煦堂在豫园打唱台南面，与下文点春堂隔水相望，堂呈方形，周围开敞（图8-20）。

【设计解读】

　　名称解读：和煦，是阳光和暖的意思。和煦堂面山背水，冬暖夏凉，故取名"和煦"。

　　景观解读：和煦堂为单檐歇山顶，横脊两端有鳌鱼，垂脊端部有人物雕像的作法与豫园内的其他古建筑一样，精细中透着灵气。和煦堂和点春堂，都让人联想到温暖的春天。两个堂名互相呼应，两座建筑又隔水相望，共同组成了"春"的主题。堂内陈列的一套家具，包括桌、椅、几和装饰用的凤凰、麒麟，都用榕树根制作，工艺精巧，造型别致，已有二百年历史。和煦堂旁有石蹬通向听鹂亭，幽静宜人。

　　人文解读：和煦堂匾额（图8-21）为清朝鲍源深题。

图8-20　和煦堂

图8-21　和煦堂匾额及内景

8.13 上海豫园点春堂

点春堂是上海小刀会起义的革命遗址，位于豫园的东北部。

【设计解读】

名称解读：点春堂建于清道光初年，堂名出自苏轼的词《戚氏·玉龟山》的末句"依稀柳色，翠点春妍"。

景观解读：点春堂五开间，为单檐歇山顶，但每面有四条垂脊，使其屋顶造型与众不同。堂外回廊四角处为白墙，有八幅精美的漏窗，这个局部的形式和三穗堂类似，突出了建筑的庄重典雅、雄壮苍劲。前廊柱间雕花木栏和挂落构成美丽画框，向外观赏风景时，形成一幅幅美妙的框景。朱红大柱、宏大斗拱和深远的出檐，均给人以雄壮有力的感觉。堂内梁柱描金装饰，工艺精细，金碧辉煌。点春堂上悬贴金大匾（图8-22），笔法稳重古朴、苍劲有力。

人文解读：小刀会起义时，曾在点春堂设立官署，建大明国。这里是义军的城北指挥所，小刀会领袖之一的陈阿林就在此指挥作战。小刀会起义是当时席卷全国的太平天国运动的一个组成部分，是近代史上上海人民第一次规模巨大的反封建反侵略斗争。点春堂作为该次起义的遗址，是对青少年进行爱国主义教育的珍贵场所。堂内现存有晚清画家任伯年的巨幅国画《观剑图》，国画两侧是书法家沈尹默书写的对联"胆墨包空廓，心源留粹精"，赞颂了小刀会起义军的大无畏精神和英雄气概。现在，为了人们更好地了解这段历史，堂内还陈列了小刀会起义军使用的武器、钱币、文稿等珍贵文物。

|图8-22 点春堂

8.14　无锡寄畅园秉礼堂

秉礼堂位于寄畅园秉礼堂同名庭院中，临池而筑。

【设计解读】

名称解读：据说此堂名是为纪念关公而题。据《三国演义》记载："操欲乱其君臣之礼，使关公与二嫂共处一室。关公乃秉烛立于户外，自夜达旦，毫无倦色。操见公如此，愈加敬服。"园主人以"秉礼"名，意在宣扬忠义美德。

景观解读：秉礼堂为单檐硬山顶，三开间，采用观音兜山墙，下临水池，其下湖石既作台基，又为驳岸，自然而亲水。秉礼堂的木格子落地长窗共有十八扇，无正向开门，主要人流由两侧进入前廊，再入主堂。回廊贴着东、西、北三面的院墙布置，并与厅堂相连通，西侧是较为空敞的小院，院落中央为近似方形的水池，池边山石上种植花木（图8-23）。

秉礼堂庭院是寄畅园的园中园，在江南庭院理景中极具特色。庭园面积不足一亩，将厅堂、碑廊，水池、花木和太湖石峰等巧妙组合，巧夺天工，是小中见大的园林艺术手法的典型应用。

人文解读：堂内上悬"秉礼堂"匾额为当代无锡书法家仲许所书。抱柱联"景月中天凤凰自舞，瑞芝五色寿星在弧"（图8-24），为清代著名学者高士奇书。两间客厅的门楣上，有"玉洁""冰清"砖雕四字。

图 8-23　秉礼堂

图 8-24　秉礼堂匾额与对联

8.15　广东清晖园碧溪草堂

清晖园位于广东省佛山市顺德区，原为明朝万历年间状元黄士俊府第，后被清朝进士龙应时购得。龙应时之子龙廷槐因不满奸臣弄权，回乡为父守孝后，便不再出仕，留乡筑园奉母。碧溪草堂（图8-25），据传是清晖园最早的建筑。

【设计解读】

名称解读："碧溪"描述了建筑临水的环境特征，以"草堂"命名，是自谦之意。

景观解读：在碧溪草堂明间，设有一座镂空圆形洞门（图8-26），木雕翠竹，工艺精湛且古色生香。在两扇门的下半部左右各刻有一块寿字图，每块48个，共96个寿字，用不同字体镌刻，称为"百寿图"，为清晖园三宝之一。草堂槛窗下嵌着一幅题为"轻烟挹露"的百年阴纹砖雕（图8-27），刻有幽篁丛竹，其刀法圆熟，据说是龙廷槐的第三个儿子龙元任亲手雕制，砖雕题跋"未出土时先引节，凌云到处也无心"。

人文解读：碧溪草堂中竹子形象多次出现，表达了园主宁折不弯的高尚品格。

|图 8-25　碧溪草堂

| 图 8-26 翠竹洞门

| 图 8-27 轻烟挹露阴纹砖雕

玖

舫

舫是一种类似船形的建筑，又名不系舟，多建于园林的水面上。苏州人又叫它"旱船""石船"。舫像船但是不能划动，下部船体通常用石砌筑，常建于水面开阔处，在园林中供人游玩、宴饮及观赏点景之用。舫仿照船的造型，一般由船头、中舱、船尾组合而成，所以常为亭、台、楼、轩等建筑形式的组合体。它一般三面环水，一面与陆地相连，建于最佳观景点处。在古代江南水乡，船是主要的交通工具，园林的石舫、旱船自然是寄情于水、寄情于船的象征，这是一种水乡文化的特征，同时它也是主人寄托情思的建筑，有隐居之意。

石舫的出现和中国传统的文化背景、哲学思想、心理追求有关系。庄子有"无能者无所求，饱食而遨游，泛若不系之舟"之句，李白也有诗"人生在世不称意，明朝散发弄扁舟"。因此舫作为船型建筑，成为古代文人不问政治、隐逸江湖的象征。自古以来，人们总是把人生在世比作水中行船，如顺水推舟、风雨同舟等，尽管石舫并不能起锚出航，但园主可以借石舫托物言志，祝愿自己一帆风顺，平安康和。

欧阳修在庆历二年（1042年）任滑州通判时，在衙署东面建有画舫斋并著《画舫斋记》，文曰："斋广一室，其深七室，以户相通。凡入予室者，如入乎舟中。其温室之奥，则穴其上以为明。其虚室之疏以达，则槛栏其两旁以为坐立之倚。凡偃休于吾斋者，又如偃休乎舟中。山石嶙峋，佳花美木之植列于两檐之外，又似泛乎中流，而左山右林之相映，皆可爱者，故因以舟名焉。"欧阳修的画舫斋面宽仅一间，但进深很深，进入其中和进入舟船之中的感觉类似。

舫的造型有写实和写意两种。写实即外形与船相似，且位于水中，使人感觉像船漂浮于水上，典型的有南京煦园的不系舟，意为不系缆绳却不能顺水漂走的船。写意的舫给人的第一印象和其他园林建筑类似，但内部构造类似船舱，让人体验舟行山林之中的意境，如苏州怡园的画舫斋、苏州耦园藤花舫、上海豫园的亦舫，均属此类。

9.1 南京煦园不系舟

不系舟建于煦园西花园瓶形水池的正南，现已成为煦园的标志。

【设计解读】

名称解读：很多名家的诗中都将不系舟作为纵情山水的自由生活的写照，如唐白居易《适意》诗"岂无平生志，拘牵不自由。一朝归渭上，泛如不系舟"；宋陆游《泛舟湖山间有感》"我似人间不系舟，好风好月亦闲游"；等等。不系舟本是指未系缆绳随波逐流的舟楫，在园林中则演变为不必系缆绳的舟楫，成为石舫的代名词。

景观解读：煦园不系舟（图9-1）为写实型仿木石舫，长14.5米，船头向北，船身分为前、中、后舱，卷棚屋顶，造型精巧，形象逼真，有石制跳板可以登舟。船身底部用青石做成，两侧嵌有青砖雕花栏板，上面雕刻着牡丹、万年青等吉祥植物和猴、鹿、蝙蝠等吉祥动物图案，雕饰精美。船舱为木结构，彩绘浮雕装饰。船头甲板平台铺以青砖，石舫门柱上端是太平天国时期制作的两只木雕狮子，狮子额上有似王非王的字样，据说是"天王"两字的合写，寄寓着当时人们对洪秀全的敬仰。

人文解读：舫上悬清乾隆帝所题匾额"不系舟"，乾隆皇帝六次南巡，竟有四次登临此舫，可见他对于不系舟的喜爱。在乾隆眼中，这个形似花瓶的水池充盈的是全天下的大清百姓，而水上所载的石舫乃大清江山。战国时期著名思想家荀况在《荀子·王制》篇中，说："君者，舟也；庶人者，水也；水则载舟，水则覆舟。"唐时魏征在规谏唐太宗时就引用过这种水舟关系。乾隆皇帝题写"不系舟"三字，看来是与其希望大清江山长久而稳固有一定关系。

| 图 9-1 煦园不系舟

9.2 苏州拙政园香洲

香洲是拙政园中的标志性景观之一，位于东、西水流和南北向河道的交汇处。

【设计解读】

名称解读：香洲，用的是屈原《楚辞》芳洲的典故"采芳洲兮杜若，将以遗兮下女"。将此典故用于此处，指"四周飘着荷香的石舫"，现在香洲的船旁，一到夏季，荷花盛开，香气四溢，便更能领略香洲的意境了。

景观解读：香洲船头向东，三面环水，船尾依岸，右侧由三块条石与岸相连，类似登船的跳板。船头是台，前舱为亭式卷棚顶，中舱为方形小轩，船尾起楼。江南一带民船，一般在后舱上建楼，香洲的设计采用了民船的这一常规作法，并将香洲上层名为徵观楼。三部分比例得当，为中国古典园林中造型最为美观的石舫之一（图9-2）。香洲东面与倚玉轩一水相隔，船舱内正中央有一面大镜子，映照出倚玉轩一带的景色，虚实相生。在船舱内，透过花窗南望，南面是开敞绿地，低矮的石山错落分布，草木扶疏。左可望见山楼，右可观小沧浪，右前透过小飞虹可见松风亭。

人文解读：香洲船头落地门罩雕刻精美，上悬文徵明题写的匾额（图9-3），并有后人题跋。船尾门楣题额"野航"两字，取杜甫"野航恰受两三人"诗意，点出了景观主题。

图9-2　香洲

图9-3　香洲匾额

9.3　苏州狮子林石舫

狮子林石舫（图9-4）位于狮子林水池西北，东临真趣亭，北以暗香疏影楼为背景，建于民国初年。

【设计解读】

名称解读：石舫其实非"石"而仿"石"。贝家特意用当时高端的建材高级水泥配上考究的磨光石子，采用先进的工艺，制成一艘造型逼真的"仿古石舫"。

景观解读：狮子林石舫为写实型石舫，制作精巧，造型逼真，船身、梁柱、屋顶为仿石，门窗、挂落、装修为木制。前舱高耸，屋顶呈弧形曲面；中舱低平，屋顶为平台，并于两侧设栏杆；尾舱上下二层，有楼梯相通，通过尾舱二楼可到中舱平台。石舫四周为和合窗，镶嵌彩色玻璃。其彩色玻璃和细部花饰已带有一些西洋风味，贝润生购园后修葺狮子林时建造的问梅阁、对照亭等也有类似的风格。它的创作方法大胆采用形似的手法，酷似现实中的画舫。石舫四面皆在水中，船首有小石板桥与池岸相通，犹如跳板。

人文解读：建于元代的狮子林，原来并无石舫。民国初年，富商贝润生买下狮子林后，将荒芜的园林重新修葺。贝家在修建时，部分建筑采用了当时先进的建材（如水泥、磨光石子、彩色玻璃等），结合了西方的装饰风格（如铸铁栏杆），引进了西方景观设计（如人工瀑布），从而留下了民国初年园林建筑风格的烙印。与其他园林的石舫"隐退江湖"的象征意义不同，贝氏当时是把石舫当作了制作"船菜"招待宾客的餐厅，追求的是一种水上宴饮的氛围，这就不难理解石舫的设计手法是"写实"而非"写意"了。石舫上有对联"柳絮池塘春暖，藕花风露宵凉"，描写的是水边春夏的风景，无论是柳絮飘飞的春天，还是荷香四溢的夏天，石舫四周皆有景可赏。

| 图 9-4 　狮子林石舫

9.4 苏州环秀山庄补秋舫

补秋舫位于环秀山庄花园北，假山后部，靠近园墙，南面隔水池与大厅遥相呼应，为花园主要建筑之一。

【设计解读】

名称解读：补秋舫（图9-5）即补充秋色之舫。此舫面山临水而筑，又称补秋山房，其南种植枫树用以赏秋日红叶，故名。

景观解读：补秋舫造型与船舫不同，为抽象型舫。其为东西走向，面阔三间，南面为长窗，北面矮墙之上为半窗，再上有横风窗，东西两面墙壁上开门和长方形窗，所有窗饰图案均为海棠形。东西两门上的砖额分别写"凝青""摇碧"（图9-6），在这四面开窗的屋中可观赏澄清的溪水、碧绿的树木、参差的峰石，真是满目青翠、生机盎然。身坐其中，观水池碧波荡漾，恍若处身舟楫，似有随船穿行于山壑间的漂浮之感，妙趣横生。

人文解读：补秋舫对联"云树远涵青，偏教十二阑凭，波平如镜；山窗浓叠翠，恰受两三人坐，屋小于舟"。此联描写了补秋舫的环境特征和身坐舫内的心理感受。

图 9-5 补秋舫

图 9-6 补秋舫"摇碧"砖额

9.5　苏州怡园画舫斋

画舫斋在怡园西北，为池水边的船形建筑，船头向东。

【设计解读】

名称解读：画舫斋造型为典型的画舫形式，但其内部装修素雅似书房，取了画舫和书房功能相结合的名字"画舫斋"。

景观解读：画舫斋（图9-7）前舱为卷棚歇山顶敞亭形式，略高于中舱。前两柱间有花篮垂柱，雕花挂落亦精雕细镂。两侧柱间上为雕花挂落，下为坐槛吴王靠，可供坐憩。侧面有小石桥和南岸连接，类似船的跳板。中舱为两面坡硬山顶，为轩的形式，和前舱相通，后用八扇纱槅和后舱分割，纱槅上部为十六幅花卉图和赞咏怡园的诗文，中舱两侧下为万字花纹栏杆，上为支摘窗，再上为横风窗。后舱为两层重檐歇山顶楼阁形式，飞檐翼角，上层四周均为短窗，便于观赏园内景色。画舫斋底座装饰有湖石，雅致自然。

人文解读：画舫斋前舱内额"碧涧之曲古松之阴"（图9-8）跋曰："怡园舫斋原有曲园老人（俞樾）篆书《诗品》'碧涧古松'句额，癸亥七月孝思补书。"取唐司空图《二十四诗品·实境》"晴涧之曲，碧松之阴"之句。

图9-7　画舫斋

图9-8　画舫斋内景

217

9.6 吴江退思园闹红一舸

闹红一舸为退思园水面上的一船舫形建筑（图9-9），船头朝东伸向水中，似舟浮水上。

【设计解读】

名称解读："闹红一舸"出自姜夔《念奴娇》："闹红一舸，记来时，尝与鸳鸯为侣，三十六陂人未到，水佩风裳无数。"

景观解读：闹红一舸只有平台、前舱和中舱，并无后舱，这样无形中减小了体量，与退思园水面较小、建筑众多的特点相协调。船头为悬山顶，船身下有湖石，舱外地坪紧贴水面，加上水从平台下的湖石之间流过，有舟行水上的轻快之感。闹红一舸两侧均排列支摘窗（图9-10），方便赏景。水中红鱼游动，点明"闹红"之趣。闹红一舸与九曲回廊、水香榭、退思草堂等建筑围成一个开阔的景区（图9-11）。

人文解读：原"闹红一舸"匾额由同里人杨千里（杨天骥）手书，后毁于"文化大革命"，1982年由杨千里的外甥、著名社会学家费孝通先生重题。

图9-9 闹红一舸

图9-10 闹红一舸支摘窗

图9-11 闹红一舸与九曲回廊、退思草堂的围合空间

9.7　苏州耦园藤花舫

藤花舫位于耦园城曲草堂西南，坐西朝东，与储香馆有樨廊相通，是一座位于陆地的仿旱船建筑（图9-12）。

【设计解读】

名称解读：耦园南窗外有紫藤一株，每到炎夏，藤萝漫挂、藤荫蔽日，暑烦顿消，藤花舫也因此得名。以舫名之，意欲使人产生舫行于山林的遐想。

景观解读：藤花舫面积约35平方米，造型与舟船相差较大，为写意型舫。舫内有纱槅分前后舱两部分。前舱为四方亭式，东、南、北三面下为砖砌半墙，上置和合窗，三面有窗便于观景，戗角上饰云龙。前舱北侧正对樨廊处有长窗两扇供出入。后舱三面为墙，无门可出入，南、北两侧墙上各辟漏窗一框，西墙中置一藤面红木雕花湘妃榻。此舫为休闲小憩和观景之用，从舫内外望园内风景，虽无水上行舟之感，但花木山石满目苍翠，异常恬静优美。

人文解读：船厅匾额"藤花舫"（图9-13）款署"丁卯夏日钱定一"，钱定一为苏州当代书画家。

| 图9-12　藤花舫

| 图9-13　藤花舫匾额

9.8 上海醉白池疑舫

疑舫位于醉白池四面厅东北，为明代遗存建筑（图9-14）。

【设计解读】

名称解读： 该建筑北面伸入池中，似池中之舟，故名疑舫。

景观解读： 疑舫的外形与船舫造型不完全相同，为写意型舫。疑舫的屋顶比较特殊，东面为硬山，西面为歇山，两侧山墙均为观音兜造型。"舱门"面西，呈八角形（图9-15）。舱门外有一部分开敞空间，类似船的前舱。从舱门走入，即可看到两部分，前为书房，后似卧室。南北均有窗，北侧临水，石基下即是河道，通开支摘长窗，并有吴王靠，夏季在此休息，可近赏水景，暑意顿消。南窗外为小天井，有叶状洞门与外相通。疑舫旁有百年素心蜡梅一株，相传当年董其昌的好友、松江画派主将陈继儒曾在疑舫里画墨梅，此事被后人传为佳话。

人文解读： 疑舫初为明朝松江著名诗人、书画家、礼部尚书董其昌所建，"疑舫"匾额二字为董其昌亲笔题写。疑舫在整个园内建筑中偏于一隅，环境清净优雅，是董其昌待客赏景之处（图9-16）。

舫内舱门两侧对联"苍松奇柏窥颜色，秋水春山见性情"为董其昌所题，现为后人补书。

| 图9-14 醉白池疑舫

| 图9-15 疑舫八角形"舱门"

| 图9-16 环境静雅的疑舫

9.9 上海豫园亦舫

亦舫（图9-17）位于豫园萃秀堂东墙外，为一座陆地船厅建筑，俗称船厅。

【设计解读】

名称解读：亦舫之名告诫世人"水能载舟亦能覆舟"。一说亦舫只是单纯告诉人们这也是船。

景观解读：亦舫直接建于陆地之上，主要保留船身纵长的内部空间（图9-18），为写意型舫，主要追求船厅的意境。亦舫由敞亭式前舱和轩式中后舱组成。后舱设贵妃榻，可在此小憩，舱两侧均为和合窗。

人文解读：亦舫舱内最里的对联"以船为室何妨小，与石订交不碍奇"为清朝陶澍所题。

图9-17　豫园亦舫

图9-18　亦舫内景

221

参考文献

[1] 许慎. 说文解字[M]. 北京：中华书局 , 1963.

[2] 陈从周. 园林谈丛[M]. 上海：上海文化出版社，1980.

[3] 陈植. 园冶注释[M]. 北京：中国建筑工业出版社，1988.

[4] 周维权. 中国古典园林史[M]. 北京：清华大学出版社，2008.

[5] 刘敦桢. 苏州古典园林[M]. 北京：中国建筑工业出版社，2005.

[6] 周苏宁. 沧浪亭[M]. 苏州：古吴轩出版社，1998.

[7] 刘乾先. 园林说[M]. 长春：吉林文史出版社，1998.

[8] 陈从周. 苏州园林[M]. 苏州：苏州教育出版社，1988.

[9] 苏州民族建筑学会. 苏州古典园林营造录[M]. 北京：中国建筑工业出版社，2003.

[10] 王振复. 建筑美学笔记[M]. 天津：百花文艺出版社，2005.

[11] 金学智. 中国园林美学[M]. 北京：中国建筑工业出版社，2005.

[12] 潘谷西. 中国建筑史[M]. 北京：中国建筑工业出版社，2001.

[13] 侯幼彬. 中国建筑美学[M]. 哈尔滨：黑龙江科技出版社，1997.

[14] 汪正章. 建筑美学[M]. 北京：人民出版社，1991.

[15] 杜汝俭，李恩山，刘管平. 园林建筑设计[M]. 北京：中国建筑工业出版社，1986.

[16] 尔雅 [M]. 管锡华，译注. 北京：中华书局，2014.

[17] 童儁. 江南园林志[M]. 北京：中国建筑工业出版社，1984.

[18] 楼庆西. 中国园林[M]. 北京：五洲传播出版社，2003.

[19] 宗白华. 中国园林艺术概观[M]. 南京：江苏人民出版社，1989.

[20] 章采烈. 中国园林艺术通论[M]. 上海：上海科学技术出版社，2004.

[21] 邵忠. 苏州古典园林艺术[M]. 北京：中国林业出版社，2001.

[22] 汪菊渊. 中国古代园林史[M]. 北京：中国建筑工业出版社，2006.

[23] 陈从周. 中国园林 [M]. 广州：广东旅游出版社，2004.

[24] 陈从周，蒋启霆选编. 园综[M]. 赵厚均注释. 上海：同济大学出版社，2004.

[25] 曹林娣. 苏州园林匾额楹联鉴赏[M]. 北京：华夏出版社，1999.

[26] 陈曦. 观念与实践：明清江南文人书斋设计研究[D]. 南京：南京艺术学院，2013.

[27] 李若南. 文人审美诣趣影响下的上海古典园林特点[D]. 南京：南京农业大学，2009.

［28］ 盛迪平. 留园研究［D］. 杭州：浙江大学，2009.

［29］ 王乐. 江南古典园林书斋庭院分析［D］. 北京：北京林业大学，2010.

［30］ 朱宇晖. 上海传统园林研究［D］. 上海：同济大学，2003.

［31］ 孙晓锋. 醉白池公园改造设计探讨与启示［D］. 上海：上海交通大学，2013.

［32］ 赵熙春. 明代园林研究［D］. 天津：天津大学，2003.

［33］ 苏畅. 江南古典园林舫类建筑的环境空间特征研究［D］. 苏州：苏州大学，2018.

［34］ 李树华. 中国园林山石鉴赏法及其形成发展过程的探讨［J］. 中国园林，2000（1）.

［35］ 祁英涛. 中国早期木结构建筑的时代特征［J］. 文物，1983（4）.

［36］ 徐峰. 舫榭建筑的休闲思想研究——以无锡寄畅园"先月榭"为例［J］. 旅游纵览（下半月），2013（7）.

［37］ 沈福煦. 中国古典园林建筑欣赏 榭·台［J］. 园林，2007（6）.

［38］ 孙筱祥. 生境·画境·意境 ——文人写意山水园林的艺术境界及其表现手法［J］. 风景园林，2013（6）.

［39］ 孙晓翔. 江苏文人写意山水派园林［J］. 城市规划，1984（3）.

［40］ 唐珣，高翅. 寓建筑美于自然美之中——浅析退思园的造园艺术特色［J］. 广东园林，2011（1）.

［41］ 张渝新. "亭"考［J］. 中国园林，2002（3）.

［42］ 高慧，王红英. 中国古典园林的诗词意境探析［J］. 现代园艺，2014（17）.

［43］ 封云. 亭台楼阁——古典园林的建筑之美［J］. 华中建筑，1998（13）.

［44］ 倪祥保. 中国园林湖心亭的文化审美［J］. 艺术百家，2018（2）.

［45］ 王雨晴，郭明友. 论中国传统园林参与性造景设计［J］. 广东园林，2018（6）.

［46］ 戴旋. 江南园林建筑美学意蕴探析——以拙政园为个案研判［J］. 华中建筑，2009（1）.

［47］ 易锐. 豫园屋顶脊饰形象设计解析［J］. 艺术百家，2013（S2）.

［48］ 周磊. 无锡寄畅园秉礼堂庭院理景设计手法初探［J］. 江苏建筑，2010（51）.

［49］ 吴宇江. 大为苑囿高为台榭——论秦汉时代的园林［J］. 中外建筑，1996（6）.

［50］ 何建中. 不系之舟——园林石舫漫谈［J］. 古建园林技术，2011（2）.

索引